高等学校电气类专业
实验系列规划教材

电子技术创新
实验教程

孙绍华 主 编
陈 静 陈 爽 副主编
陈 为 曹梦龙 审

DIANZI JISHU CHUANGXIN
SHIYAN JIAOCHENG

U0201406

化学工业出版社
·北京·

内 容 简 介

本书突出实验教程的特点，以实验为主线，共分为五章，以适应高等学校计算机类、电子信息类、自动化类、电气类等不同专业、不同层次学生的实验教学要求。

第一章：常用电子元器件知识。

第二章：常用电子测量仪器的使用。介绍了数字双踪示波器、函数发生器等常用仪器的使用方法及注意事项。

第三章和第四章：模拟电子技术实验和数字电子技术实验。包含 8 个模拟电子技术相关实验和 8 个数字电子技术相关实验，每个实验涵盖电子技术的一个相关知识点，不同专业可以选做不同的实验内容和实验深度。

第五章：综合实验室创新实验。结合每年电赛题目，将理论学习、生产生活中的电子应用和学科前沿结合起来，设置多个创新实验任务。这些综合创新实验具有通用性、趣味性和实用性。

除了作为教材外，本书也可供大学生参加各类电子竞赛、毕业设计等自学使用。

图书在版编目（CIP）数据

电子技术创新实验教程 / 孙绍华主编. —北京：化学
工业出版社，2021.8（2023.9重印）
高等学校电气类专业实验系列规划教材
ISBN 978-7-122-39410-1

Ⅰ.①电…　Ⅱ.①孙…　Ⅲ.①电子技术-实验-高等
学校-教材　Ⅳ.①TN-33

中国版本图书馆 CIP 数据核字（2021）第 127979 号

责任编辑：郝英华	文字编辑：毛亚茵
责任校对：刘　颖	装帧设计：史利平

出版发行：化学工业出版社（北京市东城区青年湖南街 13 号　邮政编码 100011）
印　　装：北京科印技术咨询服务有限公司数码印刷分部
787mm×1092mm　1/16　印张 11¾　字数 284 千字　2023 年 9 月北京第 1 版第 3 次印刷

购书咨询：010-64518888　　　　　　　售后服务：010-64518899
网　　址：http://www.cip.com.cn
凡购买本书，如有缺损质量问题，本社销售中心负责调换。

定　　价：39.00 元

版权所有　违者必究

前言

创新创业人才培养既是一个国家发展、强大的原动力，也是高校办学的终极目标。创新始于问题，源于实践，实践是创新之根本，而高校中面向全体学生的实践环节之一的实验教学目前是高校人才培养过程中较为薄弱的环节，许多学校依然存在传统的"重理论轻实践"思想，重视笔试卷面成绩，实验教学被看成是理论教学的依附或补充，实验环节课时偏少或安排不合理，实验教学内容更新较慢，与学科发展前沿和生产实际联系不紧密。

创新能力的培养，特别是创新实践能力的拓展，不仅需要课堂理论教学来培养和训练，还需要通过创新实验来提高。本书编者团队总结近几年带队参加电子大赛的经验发现，学生在完成具有前瞻性、趣味性、实践性、探索性、学术性的各种大学生科技竞赛大赛后，可跳出书本求知，从被动学习到主动动手，真正学以致用，其自主发现问题、分析问题、解决问题的能力得到了极大提高，创新能力得到极大锻炼。

在此背景下，本书编者团队以《国务院办公厅关于深化高等学校创新创业教育改革的实施意见》为指导，以培养学生创新意识、提高学生综合素质为目标，总结多年电子技术理论教学和实验教学经验，以及带队参加电子竞赛积累的实践经验，以电子竞赛赛题为基础，改建传统实验室，补充完善实验项目，形成了涵盖基础型、应用型、创新型实验的教学大纲，在此基础上编写形成本书。

为全面贯彻党的二十大精神，本书结合产业发展及培养一流人才的需求，内容选取注重基础，强化工程实践训练，润物无声地融入思政元素，其特点如下。

1. 本书将常用的电子元器件以图片的形式给出，让学生形象直观地认识电子器件的外观，了解常用电子元器件的命名规则和应用场合，并通过电子设计竞赛了解最新国内常用器件及使用方法。

2. 本书实验部分采用"问题驱动"和"在线仿真"和"在线课程"预习的编写方法。通过查询电子器件手册及在线仿真，思考实验中的问题，对于深入掌握理论知识、理解实验项目和分析实验误差、总结实验结论有很大帮助，并可引导学生提高科技文献检索能力，助力科研创新。

3. 每个实验都包含硬件测试和软件仿真两部分。学生结合仿真进行预习，通过参数计算、硬件实验调试，可增强理论设计能力和实践动手能力，提高理论知识工程迁移的能力。

4. 体现新工科引导的新型数字电子技术应用，以生产生活中的电子表、交通信号灯、电子温度计、楼道声控灯、自动饮料售货机、心电图示仪以及电子设计竞赛赛题等具有实践性、趣味性、探索性的实际工程案例为引导，让学生经历独立思考、理论分析、仿真验证和最终的实际工程案例设计，提高学生的分析问题、解决问题的能力，从而极大地提高学生的创新能力，将科研和工程中的求真务实、不断创新的理念融入学习中，培养学生精益求精的大国工匠精神，激发学生的科技报国的家国情怀和使命担当。

5. 对复杂的实际工程案例提供对应的 SCH 原理图和 PCB 图，工程实物工作视频，读者可通过扫描二维码查看或下载，供自主学习，培养自主学习能力和创新能力。

6. 构建与本书相配套的在线课程资源，可以从学堂在线和山东省级高等学校在线开放课程平台（课程名称：数字电子技术实验、模拟电子技术实验。课程负责人：孙绍华等）直接获得教学资源，包含教学视频、 PPT、仿真视频及试题库等。

本书由青岛科技大学孙绍华主编，陈静、陈爽副主编，余新宁参编，部分创新实验由刘进志老师进行了 AD 绘制和 PCB 制版，秦浩华、刘雪峰、冯宇平、王明甲、张现军老师对全书实验进行了验证。陈为和曹梦龙老师对全书内容进行了审阅并提出了创新设计实验的宝贵意见。除此之外，本书在编写过程中得到了青岛科技大学电子信息教研室各位老师的帮助，在此表示诚挚的谢意。

由于编者水平有限，书中难免有不妥之处，敬请读者批评指正。

编者

目 录

第一章　常用电子元器件知识

第二章　常用电子测量仪器的使用

第三章　模拟电子技术实验

第四章　数字电子技术实验

第五章　综合实验室创新实验

参考文献

第一章
常用电子元器件知识

电子元器件是组成一个电子产品的重要部分，对于电子工程技术人员来说，全面了解各类电子元器件的结构及特点，正确选择并合理地应用它们，是成功研制电子产品的重要因素之一。常用的电子元器件有电阻器、电容器、电感器和各种半导体器件。只有掌握了它们的性能、结构、主要参数及引脚排布，才能正确地选择和使用这些元器件。

第一节 电阻器

一、电阻器的分类

1. 电阻器

电阻器是电子电路中最常用、最基本的电子元件之一，常简称为电阻。电阻元件是对电流呈现阻碍作用的耗能元件，其质量的好坏对电路的稳定性具有极大的影响。电阻的电路符号如图 1-1-1 所示。

电阻按照用途、材料和结构可分为很多种类，如图 1-1-2 所示。另外还有一类特殊用途的电阻，如热敏电阻、压敏电阻等。

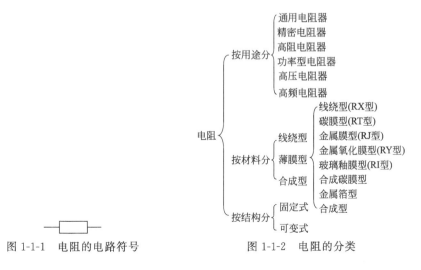

图 1-1-1　电阻的电路符号　　　　图 1-1-2　电阻的分类

热敏电阻的阻值是随着环境和电路工作温度变化而改变的。它有两种类型：一种是随着温度增加而阻值增加的正温度系数热敏电阻；另一种是随着温度增加而阻值减小的负温度系数热敏电阻。在电信设备和其他设备中作正或负温度补偿，或作测量和调节温度之用。

压敏电阻在各种自动化技术和保护电路的交直流及脉冲电路中，作过压保护、稳压、调幅、非线性补偿之用。特别是对各种电感性电路的熄灭火花和过压保护有良好作用。

各种电阻实物图如图 1-1-3 所示。

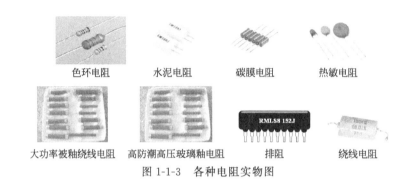

| 色环电阻 | 水泥电阻 | 碳膜电阻 | 热敏电阻 |

| 大功率被釉绕线电阻 | 高防潮高压玻璃釉电阻 | 排阻 | 绕线电阻 |

图 1-1-3 各种电阻实物图

2. 电位器

电位器是一种可调电阻。它有两个固定端和一个滑动端，一般电路中常采用多圈可调玻璃釉电位器，安装形式有立式、卧式。电位器的电路符号如图 1-1-4 所示。

电位器的分类多种多样，其分类如图 1-1-5 所示。

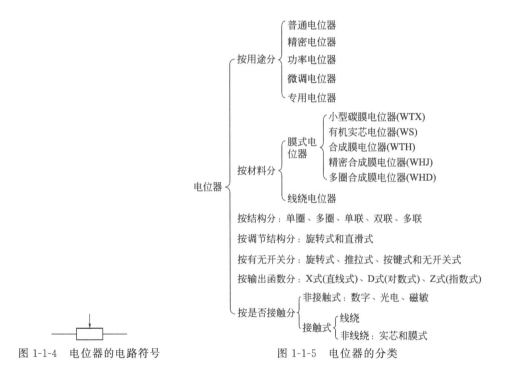

图 1-1-4 电位器的电路符号　　　　图 1-1-5 电位器的分类

各种电位器实物图如图 1-1-6 所示。

双联电位器　　旋转电位器　　碳膜电位器　　可调电位器

多圈电位器　　数字电位器　　玻璃釉电位器　　精密电位器

图 1-1-6　各种电位器实物图

二、电阻器和电位器的型号命名

电阻器及电位器的型号一般由 4 个部分组成，我国有关标准的规定，电阻器的型号命名方法如图 1-1-7 所示。

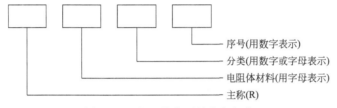

序号(用数字表示)
分类(用数字或字母表示)
电阻体材料(用字母表示)
主称(R)

图 1-1-7　电阻器的型号命名方法

第一部分为主称，用字母表示。
第二部分为电阻体材料，用字母表示。
第三部分为分类，用数字表示，个别类型也用字母表示。
第四部分为序号，用数字表示。
电阻器型号命名方法中的符号意义见表 1-1-1 和表 1-1-2。

表 1-1-1　电阻器型号中主称和电阻体材料的部分符号和意义

第一部分:主称		第二部分:电阻体材料	
符号	意义	符号	意义
R	电阻器	H	合成碳膜
		I	玻璃釉膜
		J	金属膜
		N	无机实芯
		G	沉积膜
		S	有机实芯
		T	碳膜
		X	绕线
		Y	氧化膜
		F	复合膜

表 1-1-2　电阻器型号中分类特征部分的符号及意义

符号	电阻器分类特征意义	符号	电阻器分类特征意义
1	普通	8	高压
2	普通	9	特殊
3	超高频	G	高功率
4	高阻	I	被漆
5	高湿	J	精密
6	高湿	T	可调
7	精密	X	小型

电阻型号举例如图 1-1-8 所示：RJ71 型精密金属膜电阻器。

图 1-1-8　电阻型号举例

三、电阻器和电位器的主要技术指标

1. 标称阻值和精度

标注在电阻器上的电阻值称为标称值。标称值是根据国家制定的标准系列标注的，不是生产者任意标定的。标称值的单位有欧姆（Ω）、千欧（kΩ）、兆欧（MΩ）、吉欧（GΩ）。它们之间的换算关系如下：

$$1k\Omega = 1 \times 10^3 \Omega$$
$$1M\Omega = 1 \times 10^3 k\Omega = 1 \times 10^6 \Omega$$
$$1G\Omega = 1 \times 10^3 M\Omega = 1 \times 10^6 k\Omega = 1 \times 10^9 \Omega$$

国家标准规定了电阻的阻值按精度可以分为四大系列，分别为 E-96、E-24、E-12 和 E-6，其允许误差分别为 ±1%、±5%、±10% 和 ±20%。E-24、E-12 和 E-6 系列的标称阻值如表 1-1-3 所示。

表 1-1-3　电阻器标称阻值

系列	标称阻值
E-24	1.0　1.1　1.2　1.3　1.5　1.6　1.8　2.0　2.2　2.4　2.7 3.0　3.3　3.6　3.9　4.3　4.7　5.1　5.6　6.2　6.8　7.5　8.2　9.1
E-12	1.0　1.2　1.5　1.8　2.2　2.7　3.3　3.9　4.7　5.6　6.8　8.2
E-6	1.0　1.5　2.2　3.3　4.7　6.8

2. 额定功率

额定功率是指在规定的环境温度下，假设周围空气不流通，在长期连续工作而不损坏或基本不改变电阻器性能的情况下，电阻器上允许的消耗功率，常见的有 1/16W、1/8W、

1/4W、1/2W、1W、2W、5W、10W。图 1-1-9 表示不同瓦数的电阻符号。

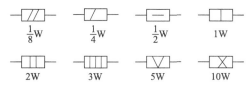

图 1-1-9　不同瓦数的电阻符号

四、电阻器的标识方法

电阻器的类别、标称阻值及误差、额定功率一般都标注在电阻元件的外表面上，目前常用的标识方法有两种：直标法和色标法。

1. 直标法

直标法是将电阻器的类别及主要技术参数直接标注在它的表面上，如图 1-1-10 所示。有的国家或厂家用一些文字符号标明单位，例如 3.3kΩ 标为 3k3，这样可以避免因小数点面积小而不易看清的缺点。

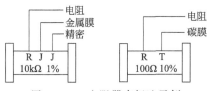

图 1-1-10　电阻器直标法示例

2. 色标法

色标法是用不同的色带或色点标在电阻器表面，用来表示电阻的阻值和允许偏差。各种颜色所代表的意义如表 1-1-4 所示。

表 1-1-4　电阻器色环颜色表

颜色	有效数值	倍率(乘数)	允许误差
棕	1	10^1	±1%
红	2	10^2	±2%
橙	3	10^3	
黄	4	10^4	
绿	5	10^5	±0.5%
蓝	6	10^6	±0.25%
紫	7	10^7	±0.1%
灰	8	10^8	
白	9	10^9	
黑	0	10^0	
金		10^{-1}	±5%
银		10^{-2}	±10%
本色			±20%

色环电阻的色彩标识有两种方式：一种采用四色环的标注方式，另一种采用五色环的标注方式。两者的区别在于四色环用前两位表示电阻的有效数字，而五色环用前三位表示该电阻的有效数字，两者的倒数第 2 位表示了电阻的有效数字的倍率，最后一位表示了该电阻的误差，如图 1-1-11 所示。

利用色标法读取电阻阻值，通常先找到标志误差的色环，最常用的表示误差的色环是：金、银、棕。尤其是金和银，基本不会作为色环的第一环，从而确定色环的顺序。

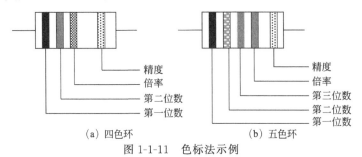

(a) 四色环　　(b) 五色环

图 1-1-11　色标法示例

例如，四色环为“棕绿橙金”表示 $15\times10^{3}\Omega=15\mathrm{k}\Omega$（误差为±5%）的电阻器。五色环为红紫绿黄棕表示 $275\times10^{4}\Omega=2.75\mathrm{M}\Omega$（误差为±1%）的电阻器。

目前市售电阻元件中，碳膜电阻器的外层漆皮多呈绿色和蓝灰色，也有的为米黄色；金属膜电阻呈深红色，绕线电阻则呈黑色。

第二节　电容器

一、电容器的分类

电容器常简称为电容，是一种储能元件，储存电荷的能力用电容量来标注，基本单位是法拉（F），常用单位是微法（μF）和皮法（pF），电容器多用于电路的滤波、耦合、调谐、隔直、延时、交流旁路和能量转换。其电路符号如图 1-2-1 所示。

电容器的种类很多，其分类见图 1-2-2。

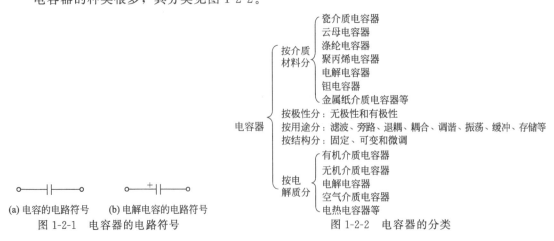

(a) 电容的电路符号　　(b) 电解电容的电路符号

图 1-2-1　电容器的电路符号

- 电容器
  - 按介质材料分
    - 瓷介质电容器
    - 云母电容器
    - 涤纶电容器
    - 聚丙烯电容器
    - 电解电容器
    - 钽电容器
    - 金属纸介质电容器等
  - 按极性分：无极性和有极性
  - 按用途分：滤波、旁路、退耦、耦合、调谐、振荡、缓冲、存储等
  - 按结构分：固定、可变和微调
  - 按电解质分
    - 有机介质电容器
    - 无机介质电容器
    - 电解电容器
    - 空气介质电容器
    - 电热电容器等

图 1-2-2　电容器的分类

电容的基本性质是能储存和释放电荷，因而能在电路中起到通交流隔直流的作用。家用电器中使用最多的就是电解电容和瓷片电容。其中电解电容主要用于滤波、退耦、耦合、缓冲、存储等作用；瓷片电容主要用于高频滤波、耦合、振荡等电路。

各种电容器实物图如图 1-2-3 所示。

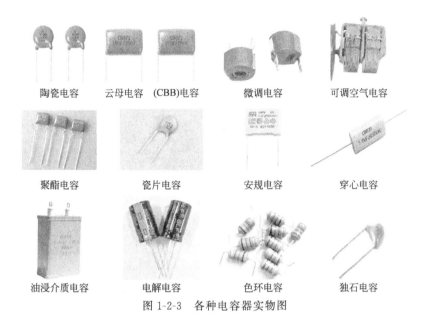

| 陶瓷电容 | 云母电容 | (CBB)电容 | 微调电容 | 可调空气电容 |

| 聚酯电容 | 瓷片电容 | 安规电容 | 穿心电容 |

| 油浸介质电容 | 电解电容 | 色环电容 | 独石电容 |

图 1-2-3 各种电容器实物图

二、电容器的型号命名

国产电容器的型号一般由四部分组成（不适用于压敏、可变、真空电容器），依次分别代表名称、材料、分类和序号，如图 1-2-4 所示。

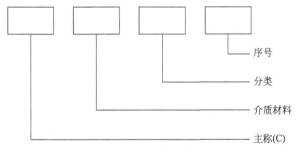

序号
分类
介质材料
主称(C)

图 1-2-4 电容器的型号命名法

第一部分为主称，用字母 C 表示电容器。

第二部分为介质材料，用字母表示。

第三部分为分类，一般用数字表示，个别用字母表示。

第四部分为序号，用数字表示。

主称、介质材料部分的符号及意义如表 1-2-1 所示；分类部分的符号及意义如表 1-2-2 所示。

表 1-2-1　主称、介质材料部分的符号及意义

主称		介质材料	
符号	意义	符号	意义
		C	瓷介
		Y	云母
		I	玻璃釉
		O	玻璃膜
		Z	纸介
		J	金属化纸
		B	聚苯乙烯
		L	涤纶
C	电容器	Q	漆膜
		S	聚碳酸酯
		H	复合介质
		D	铝
		A	钽
		N	铌
		G	合金
		T	钛
		E	其他

表 1-2-2　分类部分的符号及意义

分类	瓷介电容器	云母电容器	有机电容器	电解电容器
1	圆片	非密封	非密封	箔式
2	管形	非密封	非密封	箔式
3	叠片	密封	密封	烧结粉固体
4	独石	密封	密封	烧结粉固体
5	穿心		穿心	
6	支柱			无极性
7				
8	高压	高压	高压	
9			特殊	特殊

三、电容器的主要技术指标

电容的基本参数是容量、耐压、绝缘电阻等。

1. 标称容量

标称容量是指标注在电容器上的电容量。电容量的基本单位是法拉（简称法），用字母

"F"表示。比法拉小的单位还在毫法（mF）、微法（μF）、纳法（nF）、皮法（pF），它们之间的换算关系是：

$$1F=10^3 mF=10^6 \mu F=10^9 nF=10^{12} pF \tag{1-2-1}$$

其中，微法（μF）和皮法（pF）两种单位最为常用。通常在容量小于 $10^4 pF$ 的时候用 pF 做单位，大于 $10^4 pF$ 的时候，用 μF 做单位。为了方便起见，大于 100pF 而小于 $1\mu F$ 的电容常常不标注单位，没有小数点的，它的单位是 pF，有小数点的其单位是 μF。3300 就是 3300pF，0.1 就是 $0.1\mu F$ 等。

2. 允许偏差

允许偏差是实际电容量对于标称电容量的最大允许偏差范围。电容器的准确度的允许偏差直接以允许偏差的百分数表示。电容器的允许偏差与电容器介质材料及容量大小有关。电解电容器的容量较大，误差范围大于 ±10%；而云母电容器、玻璃釉电容器、瓷介电容器及各种无极性高频有机薄膜介质电容器（如涤纶电容器、聚苯乙烯电容器、聚丙烯电容器等）的容量相对较小，误差范围小于 ±20%。

常用固定电容器的允许误差分 8 级，如表 1-2-3 所示。

表 1-2-3　电容器允许误差等级

允许误差	±1%	±2%	±5%	±10%	±20%	+20%～-30%	+50%～-20%	+100%～-10%
级别	01	02	I	II	III	IV	V	VI

3. 额定电压

额定电压也称电容器的耐压值，是指电容器在规定的温度范围内，能够连续正常工作时所能承受的最高电压。该额定电压值通常标注在电容器上。在实际应用时，电容器的工作电压应低于电容器上标注的额定电压值，否则会造成电容器因过压而击穿损坏。常用固定电容器的直流工作电压系列为 6.3V、10V、16V、25V、32V*、40V、50V*、63V、100V、125V*、250V、300V*、400V、450V*、630V 和 1000V 等多种等级，其中有 " * " 符号的只限于电解电容器用。耐压值一般也是直接标在电容器上的。但也有一些电解电容器在正极根部标上色点来代表不同的耐压等级，如棕色代表耐压值为 6.3V，而红色代表 10V，灰色代表 16V 等。

4. 漏电流

电容器的介质材料不是绝对绝缘体，在一定的工作温度及电压条件下，也会有电流通过，此电流即为漏电流。一般电解电容器的漏电流略大一些，而其他类型电容器的漏电流较小。

5. 绝缘电阻

绝缘电阻也称漏电阻，它与电容器的漏电流成反比。常用电容器的绝缘电阻，一般应为 $10^6 \sim 10^{12} \Omega$。绝缘电阻越大，电容器的漏电流越小，性能就越好。电解电容器的绝缘电阻比较低，一般用漏电流的大小来衡量其质量，漏电流的单位是 μA 或 mA。

四、电容器的标识方法

根据国家标准，电容器的标识方法有直标法、数码标注法和色标法三种，用来表示电容器的标称容量、允许偏差、额定电压等特性参数。

1. 直标法

直标法就是在电容器的表面用数字和文字直接标出其主要参数和技术指标。直标法的内容一般是：标称容量、额定电压及允许偏差等。但有些不全都标出。

例：1p2 表示 1.2pF；1n 表示 1000pF；10n 表示 $0.01\mu F$；$2\mu 2$ 表示 $2.2\mu F$；CB41 250V 2000pF±5%标识的内容是 CB41 型精密聚苯乙烯薄膜电容器，额定电压为 250V，标称容量为 2000pF，允许偏差为±5%。

2. 数码标注法

数码标注法一般用三位数码表示电容器的容量，单位为 pF。其中前两位数码为电容量的有效数字，第三位为倍乘数，但第三位倍乘数是 9 时表示×10^{-1}。

如：101 表示 $10 \times 10^1 = 100pF$；102 表示 $10 \times 10^2 = 1000pF$；103 表示 $10 \times 10^3 = 0.01\mu F$；104 表示 $10 \times 10^4 = 0.1\mu F$；223 表示 $22 \times 10^3 = 0.022\mu F$；474 表示 $47 \times 10^4 = 0.47\mu F$；159 表示 $15 \times 10^{-1} = 1.5pF$。

3. 色标法

色标法是用色环或色点来表示电容器的方法。这种表示方法与电阻器的色环表示法相同，颜色涂于电容器的一端或从顶端向引线排列，颜色的意义与电阻相同。

如：棕、黑、橙、金表示其电容量为 $0.01\mu F$，允许偏差为±5%；棕、黑、黑、红、棕表示其电容量为 $0.01\mu F$，允许偏差为±1%。

第三节 | 电感器

一、电感器的分类

电感器与电阻、电容一样是电子电路中最常用的元器件之一。电感器是由导线一圈靠一圈地绕在绝缘管上制成的，导线彼此互相绝缘，而绝缘管可以是空心的，也可以包含铁芯或磁粉芯。电感器简称电感，用 L 表示。电感的电路符号如图 1-3-1 所示。

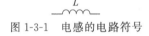

图 1-3-1 电感的电路符号

如图 1-3-2 所示为各种电感实物图。

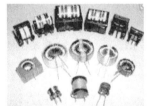

图 1-3-2 各种电感实物图

电感器由于使用的场合广泛，因而种类繁多，其分类如图 1-3-3 所示。

电感器
- **按电感形式分**：固定电感和可调电感
- **按导磁性质分**：空心电感、铁氧体电感、铁芯电感、铜芯电感
- **按用途分类**：天线电感、振荡电感、扼流电感、陷波电感、偏转电感
- **按线绕结构分类**：单层电感、多层电感、蜂房式电感
- **按工作频率分类**：高频电感和低频电感
- **按结构特点分**：磁芯电感、可变电感、色码电感、无磁芯电感等

图 1-3-3　电感器的分类

二、电感器的型号命名

根据国家标准，电感器的型号一般由四部分组成，其型号命名方法如图 1-3-4 所示。

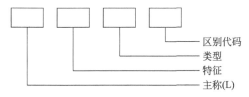

区别代码
类型
特征
主称(L)

图 1-3-4　电感器的型号命名方法

第一部分为主称，用字母表示，其中 L 代表电感线圈，ZL 代表阻流圈。
第二部分为特征，用字母表示，其中 G 代表高频。
第三部分为类型，用字母表示，其中 X 代表小型。
第四部分为区别代码，用数字或字母表示。
例如：LGX 型为小型高频电感线圈。
应当指出，目前固定电感器的型号命名方法各生产厂有所不同，尚无统一标准。

三、电感器的主要技术指标

电感器的主要参数除了电感量以外，还有允许偏差、品质因数 Q、分布电容、额定电流及稳定性等。

1. 电感量

电感器上标注的电感量的大小表示线圈本身固有特性，反映电感器存储磁场能的能力，也反映电感器通过变化电流时产生感应电动势的能力。电感量的基本单位为亨（H），实际使用较多的单位是毫亨（mH）和微亨（μH），其换算关系为：

$$1H=10^{3}\,mH=10^{6}\,\mu H \tag{1-3-1}$$

它的大小与线圈的圈数、绕制方式及磁芯材料等因素有关，与电流大小无关。圈数越多，绕制的线圈越集中，电感量越大；线圈内有磁芯的比无磁芯的电感量大；磁芯磁导率大的电感量大。

2. 允许偏差

电感量的允许偏差，即实际电感量与要求电感量间的误差。允许偏差通常有三个等级：

Ⅰ级（±5％）、Ⅱ级（±10％）和Ⅲ级（±20％）。

3. 品质因数 Q

电感器的品质因数定义为其储能与耗能之比，又称 Q 值。Q 值越大，电感器的质量越高。

4. 额定电流

额定电流是指电感器在正常工作时所允许通过的最大电流值。若工作电流超过额定电流，则电感器就会因发热而使性能参数发生改变，甚至还会因过流而烧毁。

5. 分布电容

分布电容是指线圈的匝与匝之间、线圈与磁芯之间存在的电容。电感器的分布电容越小，其稳定性越好。

四、电感器的标识方法

为了便于生产和使用，常将小型固定电感器的主要参数标识在电感器的外壳上，标识方法有直标法和色标法两种。

1. 直标法

直标法是在小型电感器的外壳上直接用文字标出电感器的电感量、允许偏差和最大直流工作电流等主要参数。其中最大的工作电流常用字母 A、B、C、D、E 标志，分别表示标称电流值为 50mA、150mA、300mA、700mA、1600mA。

2. 色标法

这种表示法也与电阻器的色标法相似，色码一般有四种颜色，前两种颜色为有效数字，第三种颜色为倍率，单位为 μH，第四种颜色为误差。色码的含义和电阻的完全相同。

第四节　二极管

晶体二极管简称二极管，是一个由 P 型半导体和 N 型半导体形成的 PN 结。在其交界面处两侧形成空间电荷层，并建有自建电场。二极管的电路符号如图 1-4-1 所示。

图 1-4-1　二极管的电路符号

一、二极管的分类

二极管具有单向导电性，可用于整流、检波、稳压、混频电路中。二极管种类很多，通常可按照所用的半导体材料、用途、结构、制作工艺以及封装形式进行分类，如图 1-4-2 所示。

如图 1-4-3 所示为各种二极管实物图。

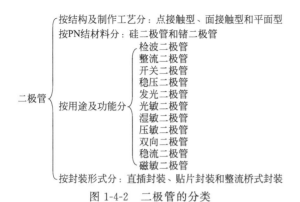

图 1-4-2 二极管的分类

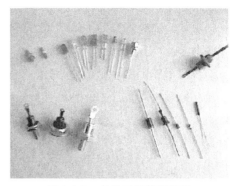

图 1-4-3 各种二极管实物图

二、二极管的型号命名

二极管的型号由五个部分组成，如图 1-4-4 所示。

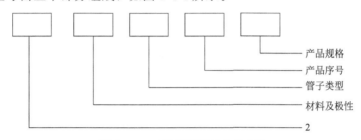

图 1-4-4 二极管的型号命名方法

第一部分用数字"2"表示二极管。

第二部分用英文字母表示器件材料和极性，其中 A 代表锗 N 型，B 代表锗 P 型，C 代表硅 N 型，D 代表硅 P 型。

第三部分用英文字母表示器件的类型，其中 P 代表普通管，W 代表稳压管，Z 代表整流管，L 代表整流堆，N 代表光电管。

第四部分用数字表示产品序号。

第五部分表示产品规格。

例如 2CW56 为 N 型硅材料稳压二极管。

三、二极管的主要性能指标

用来表示二极管的性能好坏和适用范围的技术指标称为二极管的参数。不同类型的二极管有不同的特性参数。对初学者而言，必须了解以下几个主要参数。

1. 最大整流电流

最大整流电流是指二极管长期连续工作时允许通过的最大正向电流值。电流流过二极管时要发热，电流过大时二极管就会因过热而烧毁。使用二极管时要注意不得超过二极管规定的最大整流电流值，大电流整流二极管使用时一般要加装散热片。

2. 最高反向工作电压

最高反向工作电压是指二极管在工作时能承受的最大的反向电压值。二极管最大反向电压一般要小于反向击穿电压，而且二极管在选用管子时应以二极管最大反向电压为准并留有一定的余量。二极管过电压很容易损坏管子，因此二极管在使用中一般要保证不超过最大反向工作电压。

3. 反向饱和电流

反向饱和电流是指二极管没有击穿时的反向电流值，二极管反向饱和电流在反向击穿前大致不会变。反向饱和电流越小，管子的单向导电性能越好。值得注意的是，反向饱和电流与温度有着密切的关系。大约温度每升高 10℃，反向电流增大一倍。

第五节 三极管

一、三极管的分类

三极管的全称为半导体三极管，也称为双极型晶体管或晶体三极管，是一种电流控制电流的半导体器件。其作用是把微弱信号放大成幅值较大的电信号，也用作无触点开关。三极管的电路符号如图 1-5-1 所示。图 1-5-2 所示为各种三极管实物图。

三极管的种类很多，可按半导体材料和导电特性、功耗、功能和用途、工作频率、封装形式进行分类，如图 1-5-3 所示。

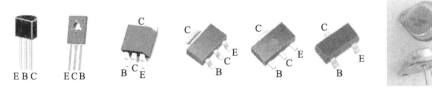

(a) NPN型三极管电路符号　(b) PNP型三极管电路符号

图 1-5-1　三极管的电路符号

图 1-5-2　各种三极管实物图

- 三极管
  - 按半导体材料和导电特性分
    - 硅NPN型三极管
    - 锗NPN型三极管
    - 硅PNP型三极管
    - 锗PNP型三极管
  - 按功耗分
    - 小功率三极管
    - 中功率三极管
    - 大功率三极管
  - 按功能和用途分
    - 放大管
    - 开关管
    - 达林顿管等
  - 按工作频率分
    - 低频三极管
    - 中频三极管
    - 高频三极管
  - 按封装形式分
    - 直插封装
    - 贴片封装

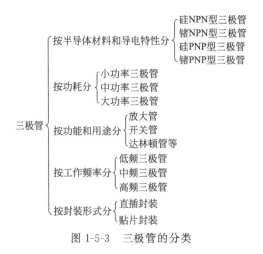

图 1-5-3　三极管的分类

二、三极管的型号命名

根据国家标准，三极管的型号由五部分组成，如图 1-5-4 所示。

第一部分用"3"表示三极管。

第二部分和二极管的一致，用字母 A、B、C、D 分别表示 PNP 型锗管、NPN 型锗管、PNP 型硅管和 NPN 型硅管。

第三部分用字母表示三极管的类型，其中 X 代表低频小功率管，G 代表高频小功率管，D 代表低频大功率管，A 代表高频大功率管，T 代表晶闸管，X 代表场效应管，B 代表雪崩管，J 代表阶跃恢复管。

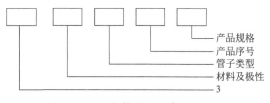

图 1-5-4　三极管的型号命名方法

第四部分表示产品序号，用阿拉伯数字表示。

第五部分表示产品规格。

例如 3DD21 表示 NPN 低频大功率硅三极管。

三、三极管的主要性能指标

1. 共发射极电流放大系数 β

在共发射极电路中，在一定的集电极电压 U_{CE} 下，集电极电流变化量 ΔI_C 与基极电流变化量 ΔI_B 的比值称为电流放大系数 β，即：

$$\beta = \frac{\Delta I_C}{\Delta I_B} \tag{1-5-1}$$

β 值的标注有色标法和字母法两种，色标法是把颜色涂在三极管的顶部。国产小功率三极管色标颜色与 β 值的对应关系见表 1-5-1。

表 1-5-1　国产小功率三极管色标颜色与 β 值的对应关系

颜色	棕	红	橙	黄	绿	蓝	紫	灰	白	黑	黑橙
β	5~15	15~25	25~40	40~55	55~80	80~120	120~180	180~270	270~400	400~600	600~1000

2. 特征频率 f_T

三极管的特征频率 f_T 也称作增益带宽积，即 $f_T = \beta f$，也就是说，如果已知当前三极管的工作频率 f 以及高频电流放大倍数，就可算出特征频率 f_T。随着工作频率的升高，放大倍数会下降。f_T 也可以定义为 $\beta = 1$ 时的频率。如，当频率为 30MHz 时的 β 值为 5，则该三极管的特征频率 f_T 就是 150MHz。

3. 集电极最大允许耗散功率 P_{CM}

三极管工作时，施加在集电极-发射极之间的电压和流过三极管集电极电流的乘积称为三极管集电极最大允许耗散功率。在使用三极管时，实际功耗不应超过 P_{CM}，否则会引起三极管发热，使结温过高而烧坏三极管。为了提高 P_{CM} 值，大功率三极管都要求加装散热片。需要说明的是，P_{CM} 是无法进行测量的，只能靠设计和工艺保证。如果三极管工作时，P_C 超过了 P_{CM}，即使是瞬间（毫秒级）的，三极管也可能会永久失效。

4. 集电极-发射极反向击穿电压 BV_{CEO}（U_{CEO}）

BV_{CEO} 是指三极管基极开路时，加在集电极和发射极之间的最大允许电压。使用时，若 $U_{CE} > BV_{CEO}$，会导致三极管击穿而损坏。

5. 集电极最大允许电流 I_{CM}

三极管允许通过的最大电流即 I_{CM}。当集电极电流增大到一定程度时，β 值会明显下降，当 β 值下降到额定值的 $\dfrac{2}{3}$ 时，所对应的集电极电流即 I_{CM}。

第六节 ｜ 集成电路

集成电路（Integrated Circuit）是现代电子电路的重要组成部分，在电路中用字母"IC"表示。它具有体积小、重量轻、耗电少、寿命长、工作性能好等一系列优点。集成电路是采用一定工艺，把一个电路中所需的三极管、二极管、电阻、电容和电感等元件即布线互联在一起，制作在一小块或几小块半导体晶片或介质基片上，然后封装在一个管壳内，成为具有所需电路功能的微型结构。其中所有元件在结构上已组成一个整体，这样整个电路体积大大缩小，且引出线和焊接点的数目也大为减少，从而使电子元件向微小型化、低功耗和高可靠性方面迈进了一大步。

集成电路发展到今天，生产成本降低，便于大规模生产。它不仅在工、民用电器、电子设备等方面得到广泛应用，同时也在军事、通信、遥控等方面得到广泛应用。

一、集成电路的分类

1. 按制造工艺分

集成电路按制造工艺分，可分为半导体集成电路、膜集成电路和由二者合成的混合集成电路。膜集成电路又分为厚膜集成电路和薄膜集成电路。

2. 按功能和结构分

集成电路按功能和结构分，可分为模拟集成电路和数字集成电路。模拟集成电路又称为线性集成电路，是一种输出信号与输入信号成比例关系，而内部放大器件工作在线性区的集成电路。线性集成电路有运算、音频、中频及宽带放大器，还包括集成稳压器、基准源极线性功率驱动器。这些电路广泛应用于检测、控制、电视、音响、雷达、通信及计算机等系统中。数字集成电路有双极型集成电路（如 TTL、ECL）和单极型集成电路（如 CMOS）两大类，每类中又包含不同的系列产品。

3. 按集成度分

集成电路按集成度分，可分为小规模集成电路、中规模集成电路、大规模集成电路以及超大规模集成电路。

4. 按导电类型分

集成电路按导电类型分，可分为双极型集成电路和单极型集成电路。

双极型集成电路的制作工艺复杂，功耗大，代表集成电路有 TTL、ECL、LST-TL、STTL 等类型。单极型集成电路的制作工艺简单，功耗也较低，易于制作大规模集成电路，代表集成电路有 CMOS、NMOS、PMOS。

二、集成电路的型号命名

① 最新的国标规定，我国生产的集成电路型号由 5 部分组成，如图 1-6-1 所示。

第一部分用字母 C 表示器件符合中国国家标准。
第二部分用字母表示器件的类型。
第三部分用阿拉伯数字和字母表示器件系列品种。
第四部分用字母表示器件的工作温度范围。
第五部分用字母表示器件的封装。
各部分符号及意义见表 1-6-1。

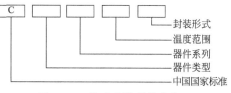

图 1-6-1 集成电路型号命名

表 1-6-1 国标集成电路命名法

第一部分		第二部分		第三部分	第四部分		第五部分	
用字母表示器件符合国家标准		用字母表示器件的类型		用阿拉伯数字和字母表示器件系列品种	用字母表示器件的工作温度范围		用字母表示器件的封装	
符号	意义	符号	意义		符号	意义	符号	意义
C	中国国家标准	T	TTL 电路	TTL 器件： 54/74×××①	C	0~70℃		封装形式：
		H	HTL 电路	54/74H×××②	G	−25~70℃	F	多层陶瓷扁平
		E	ECL 电路	54/74L×××③	L	−25~85℃	B	塑料扁平
		C	CMOS	54/74S×××④	E	−40~85℃	H	黑瓷扁平
		M	存储器	54/74LS×××⑤	R	−55~85℃	D	多层陶瓷双列直插
		μ	微型机电路	54/74AS×××⑥	M	−55~125℃	J	黑瓷双列直插
		F	线性放大器	54/74ALS×××⑦			P	塑料双列直插
		W	稳压器	54/74F×××			S	塑料单列直插
		D	音响电视电路	COMS 器件：			T	金属圆壳
		B	非线性电路	54/74HC×××⑧			K	金属菱形
		J	接口电路	54/74HCT×××⑨			C	陶瓷芯片载体(CCC)
		AD	A/D 转换器	54/74HCU×××⑩			E	塑料芯片载体(PLCC)
		DA	D/A 转换器				G	网格针栅阵列(PAG)
		SC	通信专用电路				SOIC	小引线封装
		SS	敏感电路				PCC	塑料芯片载体封装
		SW	钟表电路				LCC	陶瓷芯片载体封装
		SJ	机电仪表电路					
		SF	复印机电路					

① 74：国际通用 74 系列（民用）。54：国际通用 54 系列（军用）。
② H：高速系列。
③ L：低速系列。
④ S：肖特基系列。
⑤ LS：低功耗肖特基系列。
⑥ AS：先进肖特基系列。
⑦ ALS：先进低功耗肖特基系列。
⑧ HC：高速 CMOS，输入输出 CMOS 电平。
⑨ HCT：高速 CMOS，输入输出 TTL 电平。
⑩ HCU：高速 CMOS，不带输出缓冲极。

② 国外部分公司及产品代号如表 1-6-2 所示。

表 1-6-2　国外部分公司及产品代号

公司名称	代号	公司名称	代号
美国无线电公司（RCA）	CA	美国西格尼蒂克公司（SIGE）	NE
美国国家半导体公司（NSC）	LM,AD,LF	日本电器工业公司（NEC）	μPC
美国摩托罗拉公司（MOTOROLA）	MC	日本日立公司（HITACHI）	RA
美国仙童半导体公司（FAIRCHILD）	F,μA	日本东芝公司（TOSHIBA）	TA,TD,TM
美国得克萨斯公司（TI）	TI	日本三洋公司（SANYO）	LA,LB
美国模拟器件公司（AD）	AD	日本松下公司（PANASONIC）	AN
德国西门子公司（SIMENS）	TD,SD,U	日本三菱公司（MITSUMI）	M

三、集成电路引脚的判别

集成电路器件常用的封装结构形式有圆形、双列直插型和扁平型，使用时必须认真查对识别器件的引脚，确认电源、地、输入、输出、控制等端的引脚号，以免因错接而损坏元件。集成电路器件的引脚一般都按一定规律来排列，以便识别。

识别圆形集成电路时，面向引脚正视，从定位标记顺时针方向依次为 1、2、3、4、5……如图 1-6-2(a) 所示。圆形多用于模拟集成电路。

使用双列直插和扁平型集成电路，在识别时，将文字符号标记正放（一般集成电路上有一圆点或有一缺口，将缺口或原点置于左方），由顶部俯视，从器件的左下角开始，按逆时针方向依次为 1、2、3、4、5……如图 1-6-2(b) 所示。双列直插型广泛应用于模拟和数字集成电路，扁平型多用于数字集成电路。

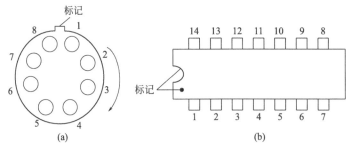

图 1-6-2　集成电路引脚的识别

第七节 | 面包板

面包板即"通用电路实验板"，是一种插件板，为一块白色纵横密布插孔的长方形电路模拟板。此"板"上具有若干小型"插孔"，中间有一条深沟将板分成完全相同的两边。就单边来说一般有五横行，每列有五个插孔，同列插孔下有金属夹片导通，可用作电路中的电线，而不同列的则相互绝缘。在进行电路实验时，可以根据电路连接要求，在相应孔内插入电子元器件的引脚以及导线等，使其与孔内弹性接触簧片接触，由此连接成所需要的实验电路。

面包板的方便之处在于通过相互的连通或绝缘的插孔插上元器件和导线构成电路，可在制电路板前先行验证电路是否可靠，在实验结束后拔下板上物件还可重复使用，节约实验成本。

面包板是专为电子电路的无焊接实验设计制造的。因为各种电子元器件可根据需要随意插入或拔出，免去了焊接，节省了电路的组装时间，而且元件可以重复使用，所以面包板非常适合电子电路的组装调试和训练。

一、常用面包板的结构

面包板的结构如图 1-7-1 所示，常见的最小单元面包板分上、中、下三部分，上面和下面部分一般是一行或两行的插孔构成的窄条，中间部分是居中一条隔离凹槽和两侧各 5 行的插孔构成的宽条。

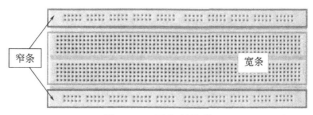

图 1-7-1　面包板结构

窄条上下两行之间电气不连通。每 5 个插孔为一组，通常面包板上有 10 组或 11 组。对于 10 组的结构，左边 5 组内部电气连通，右边 5 组内部电气连通，但左右两边之间不连通，这种结构通常称为 5-5 结构。还有一种 3-4-3 结构，即左边 3 组内部电气连通，中间 4 组内部电气连通，右边 3 组内部电气连通，但左边 3 组、中间 4 组以及右边 3 组之间是不连通的。对于 11 组的结构，左边 4 组内部电气连通，中间 3 组内部电气连通，右边 4 组内部电气连通，但左边 4 组、中间 3 组以及右边 4 组之间是不连通的，这种结构称为 4-3-4 结构。

中间部分宽条是由中间一条隔离凹槽和上下各 5 行的插孔构成的。在同一列中的 5 个插孔是互相连通的，列和列之间以及凹槽上下部分则是不连通的。

在搭接数字电路时，有时由于电路的规模较大，需要多个宽条和窄条组成的较大的面包板，但在使用时同样通常是两窄一宽同时使用，两个窄条的第一行一般和地线连接，第二行和电源相连。由于集成块电源一般在上面，接地在下面，如此布局有助于将集成块的电源脚和上面第二行窄条相连，接地脚和下面窄条的第一行相连，减少连线长度和跨接线的数量。中间宽条用于连接电路，因为凹槽上下是不连通的，所以集成块一般跨插在凹槽上。

二、布线用的工具

布线用的工具主要有剥线钳、偏口钳、扁嘴钳和镊子。偏口钳与扁嘴钳配合用来剪断导线和元器件的多余引脚。钳子刃面要锋利，将钳口合上，对着光检查时应合缝不漏光。剥线钳用来剥离导线绝缘皮。扁嘴钳用来弯直和理直导线，钳口要略带弧形，以免在勾绕时划伤导线。镊子是用来夹住导线或元器件的引脚送入面包板指定位置的。

三、面包板的使用方法及注意事项

① 面包板在高电压的情况下（如 110V、220V 的电压）不可使用。

② 安装分立元件时，应便于看到其极性和标志，一般不剪断元件引脚以便于重复使用。一般不要插入引脚直径大于 0.8mm 的元器件，以免破坏插座内部接触片的弹性。

③ 对多次使用过的集成电路的引脚，必须修理整齐，引脚不能弯曲，要根据电路图确定元器件在面包板上的排列方式，目的是走线方便。为了能够正确布线并便于查线，所有集成电路的插入方向要保持一致，不能为了临时走线方便或缩短导线长度而把集成电路倒插。

④ 根据信号流程的顺序，采用边安装边调试的方法。元器件安装之后，先连接电源线和地线。为了查线方便，连线尽量采用不同颜色。例如，正电源一般采用红色绝缘体导线，负电源用蓝色，地线用黑色，信号线用黄色，也可根据条件选用其他颜色。

⑤ 面包板宜使用直径为 0.6mm 左右的单股导线。根据导线的距离以及插孔的长度剪断导线，裸线不宜露在外面，防止与其他导线接触导致短路。

⑥ 连线要求紧贴在面包板上，以免碰撞弹出面包板，造成接触不良。导线连接尽量做到横平竖直，这样有利于查线，更换元器件及连线。

⑦ 最好在各电源的输入端和地之间并联一个容量为几十微法的电容，这样可以减小瞬变过程中电流的影响。为了更好地抑制电源中的高频分量，应该在该电容两端再并联一个高频去耦电容，一般取 0.01~0.047μF 的独石电容。

⑧ 在布线过程中，要求把各元器件在面包板上的相应位置以及所用的引脚号标在电路图上，以便于调试和查找故障。

⑨ 所有的地线必须连接在一起，形成一个公共参考点。

⑩ 面包板应该在通风干燥处存放，特别要避免被电池漏出的电解液所腐蚀。要保持面包板清洁，焊接过的元器件不要插在面包板上。

第二章
常用电子测量仪器的使用

第一节 | 数字万用表

如图 2-1-1 所示，UT39A 型数字万用表可用来测量直流和交流电压，直流和交流电流，电阻、电容，二极管、三极管及连续性测量，具有读数和单位符号同时显示功能，并配有全功能过载保护电路。

图 2-1-1　UT39A 型数字万用表

一、综合指标

① 电压输入端子和地之间的最高电压：1000V。

② △ mA 端子的熔丝：ϕ5mm×20mm-F 0.315A/250V。

③ △ 10A 或 20A 端子：无熔丝。

④ 量程选择：手动。

⑤ 最大显示：1999，每秒更新 2～3 次。

⑥ 极性显示：负极性输入显示"－"符号。

⑦ 过量程显示"1"。

⑧ 数据保持功能：LCD 左上角显示"H"。

⑨ 电池不足：LCD 显示"◪"符号。

⑩ 机内电池：9V NEDA1604 或 6F22 或 006P。

⑪ 工作温度：0～40℃（32～104℉）。

　存储温度：−10～50℃（14～122℉）。

⑫ 海拔高度：（工作）2000m；（存储）10000m。

⑬ 外形尺寸：172mm×83mm×38mm。

⑭ 质量：约 310g（包括电池）。

二、操作说明

• 仪器具有电源开关，同时设置有自动关机功能，当仪表持续工作约 15min 后会自动进入睡眠功能，因此，当仪表的 LCD 上无显示时，首先应确认仪表是否已自动关机。

• 开启仪表电源后，观察 LCD 显示屏，如出现"◪"符号，则表明电池电量不足，为了确保测量精度，须更换电池。

• 测量前须注意测试笔插口旁边的"⚠"符号，这是提醒使用者要留意测试电压和电流，不要超出指示值。

1. 直流电压与交流电压测量

① 将黑表笔插入 COM 插孔，红表笔插入 V/Ω 插孔。

② 将功能开关置于 DCV 或 ACV 量程范围，将测试笔跨接到待测电源或负载上。

注意：

a. 未知被测电压范围时，应将功能开关置于最大量程并逐渐下降。

b. 如果只显示"1"，表示被测电压过量程，需将功能开关置于更高量程。

c. ⚠表示不要输入高于 1000VDC 与 700VAC 的高压，有损坏内部线路的危险。

2. 直流电流与交流电流测量

① 将黑表笔插入 COM 插孔，当测量最大值为 200mA 电流时，红表笔插入 mA 插孔；当测量 200mA～20A 的电流时，红表笔插入 20A 插孔。

② 将功能开关置于 DCA 或 ACA 量程，并将测试笔串联接入待测电路上。

注意：

a. 如果使用前不知道被测电流范围，将功能开关置于最大量程并逐渐下降。

b. 如果显示"1"，表示被测电流过量程，功能开关需置于更高量程。

c. ⚠表示最大输入电流为 200mA，过载将烧坏熔丝，需予以更换；20A 量程无熔丝保护。

d. 最大测试压降为 200mV。

3. 电阻测量

① 将黑表笔插入 COM 插孔，红表笔插入 V/Ω 插孔（注意：红表笔内接电池极性为"+"，与指针万用表相反）。

② 将功能开关置于 Ω 量程，将测试笔跨接到待测电阻上。

注意：

a. 如果被测电阻值超出所选择量程的最大值，将显示过量程"1"，需选择更高的量程。对于大于 1MΩ 或更高的电阻，要几秒钟后读数才能稳定，对于高阻值测量这是正常的。

b. 当无输入时，即开路时，显示为"1"。

c. 检测在线电阻时，须确认被测电路已关闭电源，同时电容已放完电，方能进行测量。

d. 200MΩ 挡短路时有 10 个字，测量时应从读数中减去，如测 100MΩ 电阻时，显示为"101.0"，10 个字应被减去。

4. 电容测试（自动调零）

连接待测电容器之前，注意每次转换量程时复零需要时间；有漂移读数存在不会影响测试精度。

注意：

a. 仪表本身已对电容挡设置了保护，故在电容测试过程中不用考虑电容极性及电容充放电等情况。

b. 测量电容时，将电容器插入电容测试座中（不用测试笔）。

c. 测量大电容时，稳定读数需要一定时间。

5. 二极管及电路连通测试

① 将黑表笔插入 COM 插孔，红表笔插入 V/Ω 插孔（注意：红表笔内电源极性为"+"）。

② 将功能开关置于 ⎯▷⎯•))) 挡，并将表笔跨接到待测二极管上。读数为二极管正向压降的近似值。

③ 表笔跨接到待测线路的两端，如果两点之间电阻值低于 30Ω，内置蜂鸣器发声。

6. 三极管 h_{FE} 测试

① 将功能开关置于 h_{FE} 量程。

② 确定三极管是 NPN 或 PNP 型，将基极、发射极和集电极分别插入面板上相应的插孔。

③ 显示器上将显示 h_{FE} 的近似值。测试条件：I_B 约 $10\mu A$，U_{CE} 约 $2.8V$。

三、仪表保养

该数字万用表是一台精密电子仪器，不要随意更改内部线路，使用时并注意以下几点：

① 不要接高于 1000V 直流电压或 700V 交流有效值电压。

② 不要在功能开关处于 Ω 或 ⎯▷⎯ 位置时，将电压源接入。

③ 在电池没有装好或后盖没有上紧时，请不要使用此表。

④ 拔去表笔和切断电源后，才能更换电池或熔丝。

第二节 | DSOX1102A 型数字双踪示波器

如图 2-2-1 所示为 DSOX1102A 型示波器，它是是德科技入门级双通道数字示波器，功能丰富，具备最高 2GSa/s 采样率和最高 100MHz 带宽，每秒 50000 个波形的捕获率，具有与高端示波器同样先进的分析工具。

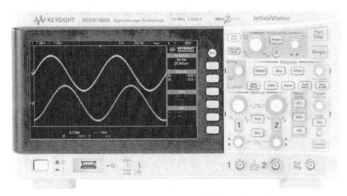

图 2-2-1　DSOX1102A 型数字双踪示波器

一、技术指标

技术指标如表 2-2-1 所示。

表 2-2-1　DSOX1102A 型数字双踪示波器技术指标

通道	2
带宽	70MHz
采样率	2GSa/s
存储器	1Mpts
分段存储器	是
波形发生器	否
模板/限制测试	是

二、特点

（1）所有旋钮均可按下以快速选择。

（2）触发类型：码型、上升/下降时间以及设置和保持。

（3）串行解码/触发选项可用于：CAN、LIN 和 SPI。

（4）数学波形：加、减、乘、除、FFT（幅度和相位）和低通滤波器。

（5）参考波形：用于比较其他通道或数学波形。

（6）具有内置波形发生器，可用于生成：正弦波、方波、锯齿波、脉冲、DC、噪声。

（7）利用 USB 端口可方便地打印、保存和共享数据。

（8）示波器内置了联机帮助系统。按住任何键可显示联机帮助。

三、功能说明

1. 前面板控件和连接器

在前面板上，键是指可以按下的任何键（按钮）。软键特指显示屏旁边的六个键。如果按下其他前面板键，则显示屏上将显示菜单和软键标签。软键功能随着导航示波器的菜单而更改。如图 2-2-2 所示为 DSOX1102A 型数字双踪示波器前面板示意图，请参考表 2-2-2 中的说明。

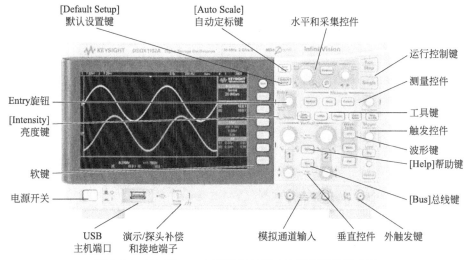

图 2-2-2　DSOX1102A 型数字双踪示波器前面板示意图

表 2-2-2　按键功能说明表

电源开关	按一次打开电源；再按一次关闭电源
软键	这些键的功能会根据显示屏上键旁边显示的菜单有所改变 按 (Back)"返回"键可在软键菜单层次结构中返回。在层次结构顶部，(Back)"返回"键将关闭菜单，改为显示示波器信息
［Intensity］ 亮度键	按下该键使其亮起。该键亮起时，旋转 Entry 旋钮可调整波形亮度。可以像操作模拟示波器那样通过改变亮度控件显示信号细节
Entry 旋钮	Entry 旋钮用于从菜单中选择菜单项或更改值。Entry 旋钮的功能随着当前菜单和软键选择而变化。 还应注意，当 Entry 旋钮↺符号显示在软键上时，就可以使用 Entry 旋钮选择值。通常，旋转 Entry 旋钮就可以进行选择。有时可以按下 Entry 旋钮启用或禁用选择。 另外，按下 Entry 旋钮还可以使弹出菜单消失
［Default Setup］ 默认设置键	按下该键可恢复示波器的默认设置
［Auto Scale］ 自动定标键	当按下［Auto Scale］自动定标键时，示波器将快速确定哪个通道有活动，并且它将打开这些通道并对其进行定标以显示输入信号
水平和采集控件	水平和采集控件包括： ① "水平定标"旋钮——旋转"水平"区中标记的旋钮⋀⋁可调整时间/格设置。该旋钮下方的符号表示此控件具有使用水平定标在波形上展开或放大的效果。按下"水平定标"旋钮可以在微调和粗调之间切换。 ② "水平位置"旋钮——旋转标记的旋钮◀▶可水平平移波形数据。可以在触发之前（顺时针旋转旋钮）或触发之后（逆时针旋转旋钮）看见所捕获的波形。如果在示波器停止（不在运行模式中）时平移波形，则看到的是上次采集中获取的波形数据。 ③ ［Acquire］采集键——按此键可打开"采集"菜单，可在其中选择"正常""XY"和"滚动"时间模式；启用或禁用缩放，以及选择触发时间参考点。另外，还可以选择"正常""峰值检测""平均"或"高分辨率"采集模式，并且使用分段存储器。 ④ ◎缩放键——按◎缩放键可将示波器显示拆分为正常区和缩放区，而无须打开"采集"菜单

续表

运行控制键	当[Run/Stop](运行/停止)键是绿色时,表示示波器正在运行,即符合触发条件,正在采集数据。要停止采集数据,请按下[Run/Stop](运行/停止)。 当[Run/Stop](运行/停止)键是红色时,表示数据采集已停止。要开始采集数据,请按下[Run/Stop](运行/停止)。要捕获并显示单次采集(无论示波器是运行还是停止),请按下[Single](单次)。 [Single](单次)键是黄色,直到示波器触发为止
测量控件	测量控件包括: ①[Analyze]分析键——按下该键可以访问分析功能,如触发电平设置、测量阈值设置、视频触发自动设置和显示,或数字电压表。 ②[Meas]测量键——按下该键可访问一组预定义的测量。 ③[Cursors]光标键——按下该键可打开菜单,以便选择光标模式和源。 ④"光标"旋钮——按下该旋钮可从弹出菜单中选择光标。然后,在弹出菜单关闭(通过超时或再次按下该旋钮)后,旋转该旋钮可调整选定的光标位置
工具键	工具键包括: ①[Save/Recall]保存/调用键——按下此键可保存示波器设置、屏幕图像、波形数据或模板文件,或者调用设置、模板文件或参考波形。 ②[Utility]系统设置键——按下该键可访问"系统设置"菜单,以便配置示波器的I/O设置、使用文件资源管理器、设置首选项、访问服务菜单并选择其他选项。 ③[Display]显示键——按下此键可访问菜单,可在其中启用余辉、调整显示网格(格线)亮度、为波形添加标签、添加注释以及清除显示。 ④[Quick Action]快捷键——按下此键可执行选定的快速操作:测量所有快照,打印、保存、调用、冻结显示以及更多操作。 ⑤[Save to USB]保存到USB键——按下此键可将数据快速保存到USB存储设备
触发控件	触发控件确定示波器如何触发以捕获数据。这些控件包括: ①"电平"旋钮——旋转"电平"旋钮可调整选定模拟通道的触发电平。按下该旋钮可将电平设置为波形值的50%。如果使用AC耦合,按下"电平"旋钮会将触发电平设置为0V。模拟通道的触发电平的位置由显示屏最左侧的触发电平图标⏷指示(如果模拟通道已打开)。模拟通道触发电平的值显示在显示屏的右上角。 ②[Trig]触发键——按下此键可选择触发类型(边沿、脉冲宽度、视频等)。也可以设置会影响所有触发类型的选项。 ③[Force]强制键——引起触发(任意条件下)并显示采集。该键在"正常"触发模式下很有用,在该模式下,只有满足触发条件时才会进行采集。在此模式中,如果没有发生任何触发(即显示"触发?"指示信息),则可以按[Force]强制键以强制进行触发,并查看输入信号。 ④[External]外部键——按下此键可设置外部触发输入选项
波形键	其他波形控件包括: ①[FFT]键——提供对FFT光谱分析功能的访问。 ②[Math]数学键——可用于访问数学(加、减等)波形函数。 ③[Ref]参考波形键——可用于访问参考波形函数。参考波形是保存的波形,可显示并与其他模拟通道或数学波形进行比较。 ④[Wave Gen]波形生成器键——在后缀为G的型号上(拥有内置波形生成器),按下此键可访问波形生成器功能
[Help]帮助键	打开"帮助"菜单,可在其中显示帮助主题概述并选择"语言"
[Bus]总线键	打开"总线"菜单可执行以下操作: ①显示由模拟通道输入和外部触发输入组成的总线,其中通道1是最低有效位,而外部触发输入是最高有效位。 ②启用串行总线解码
外触发键	外部触发输入BNC连接器

续表

垂直控件	垂直控件包括： ① 模拟通道开/关键——使用这些键可打开或关闭通道,或访问软键中的通道菜单。每个模拟通道都有一个通道开/关键。 ② "垂直定标"旋钮——每个通道都有标记为∿∿的旋钮。使用这些旋钮可更改每个模拟通道的垂直灵敏度(增益)。按下通道的垂直定标旋钮可在微调和粗调之间切换。展开信号的默认模式相对于通道的接地电平;但是,可将此设置更改为相对显示屏的中心位置展开。 ③ 垂直位置旋钮——使用这些旋钮可更改显示屏上通道的垂直位置。每个模拟通道都有一个垂直位置控件。在显示屏右上方瞬间显示的电压值表示显示屏的垂直中心和接地电平(⤋)图标之间的电压差。如果垂直扩展被设置为相对地扩展,它也表示显示屏的垂直中心的电压
模拟通道输入	将示波器探头或 BNC 电缆连接到这些 BNC 连接器
演示/探头补偿和接地端子	① 演示端子——此端子输出"探头补偿"信号,可使探头的输入电容与所连接的示波器通道匹配。利用获得许可的特定功能,示波器还可以在此端子中输出演示或培训信号。 ② 接地端子——对连接到演示/探头补偿端子的示波器探头使用接地端子
USB 主机端口	这是用于将 USB 海量存储设备或打印机连接到示波器的端口。连接 USB 兼容的海量存储设备(闪存驱动器、磁盘驱动器等)以保存或调用示波器设置文件和参考波形,或保存数据和屏幕图像。要进行打印,可连接 USB 兼容打印机。 在有可用的更新时,还可以使用 USB 端口更新示波器的系统软件。在按下 USB 海量存储设备之前无须"弹出"它。只需确保所启动的任何文件操作已完成,即可从示波器的主机端口拔下 USB 驱动器。 注意:⚠请勿将主计算机连接到示波器的 USB 主机端口。主计算机将示波器视为一台设备,因此,请将主计算机连接到示波器的设备端口(在后面板上)

2. 后面板连接器

如图 2-2-3 所示为 DSOX1102A 型数字双踪示波器后面板示意图，请参考表 2-2-3 中的说明。

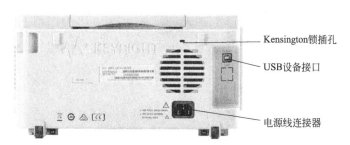

图 2-2-3　DSOX1102A 型数字双踪示波器后面板示意图

表 2-2-3　编号功能说明表

电源线连接器	在此处连接电源线
Kensington 锁插孔	这是连接 Kensington 锁以固定仪器的位置
USB 设备端口	这是将示波器连接到主 PC 的端口。可以通过 USB 设备端口从主 PC 向示波器发送远程命令

3. 示波器显示

示波器显示如图 2-2-4 所示，包含采集的波形、设置信息、测量结果和软键定义。具体说明请参照表 2-2-4。

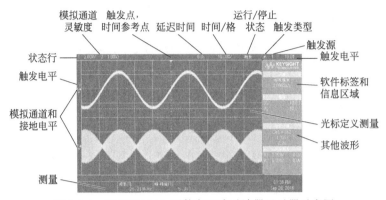

图 2-2-4　DSOX1102A 型数字双踪示波器显示器示意图

表 2-2-4　显示功能说明表

状态行	显示屏的顶行包括垂直、水平和触发设置信息
显示区域	显示区域包括波形采集、通道标识符、模拟触发和接地电平指示器。每个模拟通道的信息以不同的颜色显示。使用 256 亮度级显示信号细节
软键标签和信息区域	当按下大多数前面板键时，此区域中将显示简短的菜单名称和软键标签。这些标签描述软键功能。通常，使用这些软键可以设置选定模式或菜单的其他参数。 按 (Back)"返回"键将通过菜单层次结构返回，直到软键标签消失，之后将显示信息区域。信息区域包含采集、模拟通道、数学函数和参考波形信息。 也可以指定软键菜单在指定的超时时间段后自动关闭（[Utility]系统设置→选项→菜单超时）。 按 (Back)"返回"键（显示信息区域时）将返回到最近显示的菜单
测量区域	如果打开测量或光标，此区域将包含自动测量和光标结果。如果关闭测量，此区域将显示描述通道偏移的附加状态信息，以及其他配置参数

4. 访问内置联机帮助

(1) 查看联机帮助

按住要查看其帮助的键、软键或旋钮。联机帮助将保留在屏幕上，直到按下其他键或旋转旋钮为止。

(2) 选择用户界面和联机帮助语言

① 按下 [Help] 帮助，然后按下语言软键。

② 旋转 Entry 旋钮，直到选择所需的语言。

5. 使用方法

(1) 探头介绍

如图 2-2-5 所示为常用的探头及其附件。

探头使用窍门：测试信号时，尽可能使用短的地线，而且接地点尽可能靠近被测信号，否则观察到的信号是失真的，信号频率越高，失真越严重。

(2) 调节测试信号

示波器会输出一个 1kHz、5V（或以下）的方波信号，该信号用作探头补偿校准。将示波器探头从通道 1 连接到前面板上的演示/探头补偿端子，将探头的接地导线连接到接地端子（演示端子旁边）。

按下 [Auto Scale] 自动定标键，可将示波器自动配置为对输入信号显示最佳效果，此

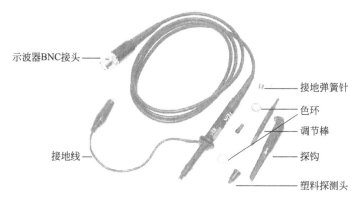

图 2-2-5　探头示意图

时示波器显示屏上应显示类似如图 2-2-6 所示的波形。如果要使示波器返回到以前的设置，可按下"取消自动定标"。

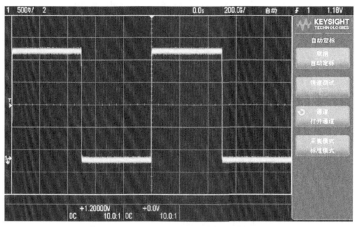

图 2-2-6　测试信号

(3) 探头补偿校准

正常探头补偿校准输出的是一个标准的方波信号，如图 2-2-7(a) 所示。当出现图 2-2-7(b)、(c) 所示两种情况时，说明探头补偿不正确。

(a) 补偿正确　　　　　　(b) 补偿过度　　　　　　(c) 补偿不足

图 2-2-7　示波器探头补偿波形图

首先输入探头补偿信号，然后按下［Default Setup］默认设置键调用默认示波器设置，默认设置可恢复示波器的默认设置，由此可知晓示波器的操作条件。再按下［Auto Scale］自动定标键自动配置示波器，以便捕获探头补偿信号。按下探头所连接的通道键（"1""2"等）。在"通道菜单"中，按下探头。在"通道探头菜单"中，按下探头检查，然后按照屏幕上的说明操作。如果需要，使用非金属工具（探头附带）调整探头上的微调电容器，以获得尽可能平的脉冲。在某些探头（如 N2140/42A 探头）上，微调电容器位于探头 BNC 连接器上。在其他探头（如 N2862/63/90 探头）上，微调电容器是探头端部的黄色调整装置。

最后将探头连接到所有其他示波器通道，对每个通道重复执行此步骤。

(4) 垂直控件调节

DSOX1102A 型数字双踪示波器有两个通道，每个通道有独立的参数，对这些参数进行设置，就是垂直控件调节。如图 2-2-8 所示为示波器垂直控件。

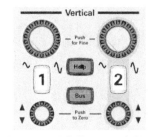
图 2-2-8　垂直旋钮和垂直键

当按下"1"通道键后显示器右侧将显示的"通道 1"菜单，如图 2-2-9 所示。每个显示的模拟通道其信号的接地电平由显示屏最左侧的⏚图标的位置标识。

"通道 1"菜单功能如下：

① 通道耦合：[1/2] →耦合（DC 或 AC）。

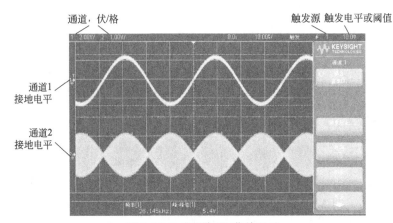
图 2-2-9　"通道 1"菜单显示

② 通道带宽限制：[1/2] →BW 限制。

③ 垂直定标微调：[1/2] →微调。

④ 通道反转：[1/2] →反转。

⑤ 设置模拟通道探头选项：在"通道"菜单中，探头软键可用于打开"通道探头"菜单，如图 2-2-10 所示。使用此菜单可选择附加的探头参数，例如所连接探头的衰减因子和测量单位。

注意：要进行准确测量，必须使示波器的探头衰减因子设置与所用探头的衰减因子一致。

"通道探头"菜单功能如下：

① 通道单位：[1/2] →探头→单位（伏特、安培）。

② 探头衰减：[1/2] →探头→探头，比例/分贝。旋转 Entry 旋钮↻更改垂直定标，以便测量结果能够反映探头端部的实际电压电平。

③ 通道倾斜：[1/2] →探头→倾斜：旋转 Entry 旋钮↻。

④ 探头检查：[1/2] →探头→探头检查，将指导完成补偿无源探头（如 N2140A、N2142A、N2862A/B、N2863A/B、N2889A、N2890A、10073C、10074C 或 1165A 探头）的过程。

(5) 水平控件调节

如图 2-2-11 所示为示波器水平控件。

图 2-2-10　"通道探头"菜单

当按下［Acquire］采集键后，示波器显示的"采集"菜单如图 2-2-12 所示。

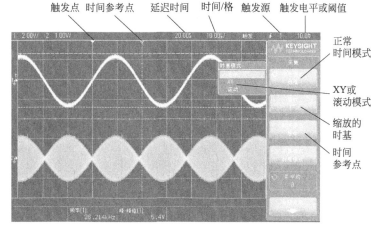

触发点 时间参考点 延迟时间 时间/格 触发源 触发电平或阈值

正常时间模式

XY或滚动模式

缩放的时基

时间参考点

图 2-2-11 水平旋钮和水平键　　　　图 2-2-12 示波器的"采集"菜单显示

　　显示屏网格顶部通过一个小的空心三角形（▽）来指示时间参考点。旋转"水平定标"旋钮可围绕时间参考点（▽）缩放波形。显示屏网格顶部通过一个小的实心三角形（▼）来指示触发点（时间始终＝0）。延迟时间是相对于触发的参考点时间。旋转"水平位置"（◀▶）旋钮可将触发点（▼）移动到时间参考点（▽）的左侧或右侧，并显示延迟时间。

　　使用"采集"菜单可选择时间模式（正常、XY 或滚动）、启用缩放、设置时基控件（游标）并指定时间参考点。

　　"采集"菜单功能如下：

　　① 时间模式：［Acquire］采集→时间模式（正常、XY 或滚动）。

　　② XY 时间模式：［Acquire］采集→时间模式，XY。通道 1 是 X 轴输入，通道 2 是 Y 轴输入。Z 轴输入（Ext Trig）可打开和关闭轨迹（空白）。Z 轴值低（＜1.4V）时，将显示 Y-X；Z 轴值高（＞1.4V）时，轨迹将被关闭。

　　使用 Lissajous 方法测量相同频率的两个信号之间的相位差一般会用到 XY 显示模式。

　　③ 滚动时间模式：［Acquire］采集→时间模式，滚动。

　　④ 缩放：［Acquire］采集→缩放（或按下◎缩放键）。

　　"缩放"窗口是正常时间/格窗口的放大部分，如图 2-2-13 所示为"缩放"状态下显示器的状态。

　　⑤ 时间参考点：［Acquire］采集＞时间参考点（左侧、中心、右侧）。

(6) 自动测量

自动测量用于分析信号的频率、周期、幅度、相位等一系列参数。

使用［Meas］测量键可以对波形进行自动测量。有些测量只能在模拟输入通道上进行。

自动测量功能如下：

　　① 测量类型：［Meas］测量→类型。

　　② 电压测量：［Meas］测量→类型（峰-峰值、最大值、最小值、幅度、高值、基线、过冲、平均值、DC RMS、AC RMS）添加测量。

　　③ 时间测量：［Meas］测量→类型（周期、频率、计数器、＋宽度、－宽度、占空比、

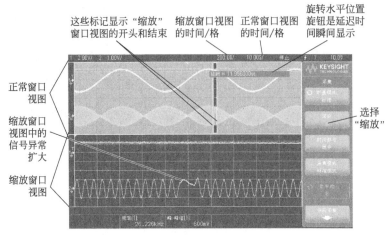

图 2-2-13　"缩放"状态下的显示

上升时间、下降时间、延迟、相位），添加测量。当选定边沿或脉冲宽度触发模式且测量源与触发源相同时，计数器测量可用。

④ 测量阈值：[Meas] 测量→设置→阈值。或者：[Analyze] 分析→功能，测量阈值。

⑤ 测量窗口：[Meas] 测量→设置→测量窗口（自动选择、主要、缩放）。

⑥ 清除测量：[Meas] 测量→清除测量。

第三节　UTG9000C-Ⅱ 函数发生器

如图2-3-1 为 UTG9000C-Ⅱ函数发生器。本仪器使用直接数字合成技术以产生精确、稳定的波形输出，低至 $1\mu Hz$ 的分辨率，是一款经济型、高性能、多功能的函数任意波形函数发生器，可生成精确、稳定、纯净、低失真的输出信号。

一、主要特点

① 5MHz/2MHz 的正弦波、脉冲波输出，全频段 $1\mu Hz$ 的分辨率。

② 内置功率放大器的全功率带宽高达 200kHz，最大输出功率 4W。

③ 采用 DDS 实现方法，具有 125MSa/s 采样速度和 14bits 垂直分辨率。

④ 兼容 TTL 电平信号的 6 位高精度频率计。

⑤ 20 组非易失数字任意波形存储。

⑥ 简单易用的调制类型：AM、FM。

⑦ 支持频率扫描输出。

⑧ 功能强大的上位机软件。

⑨ 超黑液晶 EBTN LCD 显示。

⑩ 标准配置接口：USB Device。

⑪ 可进行：内部/外部调制、内部/外部触发。

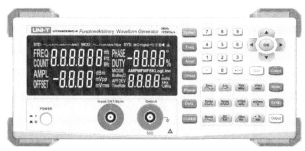

图 2-3-1　UTG9000C-Ⅱ函数发生器

二、面板和按键介绍

1. 前面板

UTG9000C-Ⅱ函数发生器前面板示意图如图 2-3-2 所示。各按键功能如下：

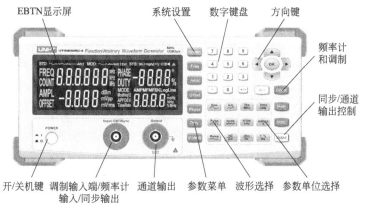

图 2-3-2　UTG9000C-Ⅱ函数发生器前面板示意图

① 显示屏：采用 EBTN LCD 显示。

② 开/关机键：启动或关闭仪器。

③ 调制输入端/频率计输入/同步输出：在 AM、FM、PM、FSK 或扫频时，当调制源选择外部时，通道外部调制输入端输入调制信号；在开启频率功能时，通过此接口输入待测信号；在关闭调制（或调制源为内部）和关闭频率计时，通过此端口输出同步信号。

④ 通道输出：信号源通道输出端。

⑤ 参数菜单：设置波形的各项参数。

⑥ 波形选择：波形类型快速选择键。

⑦ 参数单位选择：通道参数输入数字后，需要选择对应的单位。

⑧ 同步/通道输出控制：$\boxed{\text{CYNC}}$ 为同步信号输出开关控制键；$\boxed{\text{Output}}$ 为信号输出开关控制键，短按 $\boxed{\text{Output}}$ 键，打开信号源通道输出端，短按则关闭输出。长按 $\boxed{\text{Output}}$ 键，打开功率模块输出通道，短按则关闭输出。

⑨ 频率计和调制：$\boxed{\text{Count}}$ 频率计按键，$\boxed{\text{Mode}}$ 调制按键。

⑩ 方向键：用于变大或变小数字，光标移位，波形切换和确认等。

⑪ 数字键盘：用于输入所需的数字键 0～9、小数点"."、符号键"＋／－""⇦"。

⑫ 系统设置（System）：系统设置按键。

2. 后面板

UTG9000C-Ⅱ函数发生器后面板示意图如图 2-3-3 所示。各部分功能如下：

① USB 接口：通过此 USB 接口来与上位机连接。

② 保险管：AC 输入电流超过 2A 时，保险管会熔断来切断 AC 输入来保护仪器。

③ AC 电源输入端：本产品额定输入值为 100～240V、45～440Hz，电源保险丝为 250V、T2 A。

④ 功率放大器输出接口：内置功率放大器输出接口。

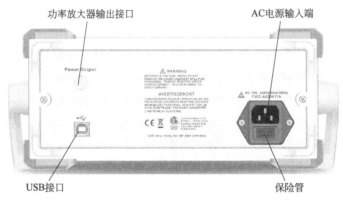

图 2-3-3　UTG9000C-Ⅱ函数发生器后面板示意图

3. 功能界面

功能界面示意图如图 2-3-4 所示，功能如下。

图 2-3-4　功能界面示意图

① STD：即 Standard 的缩写，基波显示信息。STD 表示波形类型在载波选择状态下。

② MOD：调制显示器。MOD 表示波形类型在调制波形选择状态下。

③ SYS：系统设置。50Ω、☀‖表示屏幕亮度，⟵表示设备通过 USB Device 已连接电脑，◀ 表示按键声音被打升。

④ 基波频率设置以及 Count 频率计显示。

⑤ 基波幅度设置和直流偏置设置。

⑥ 基波相位和占空比设置。

⑦ 调制模式以及调制参数设置栏。

4. 使用方法

(1) 输出基本波形

① 设置输出频率　波形默认配置：频率为 1kHz、幅度为 100mVpp 的正弦波（以 50Ω 端接）。将频率改为 2.5MHz 的具体步骤如下：按 Freq 键，使用数字键盘输入 2.5，然后选择参数单位 Vpp/MHz 即可。

② 设置输出幅度　波形默认配置为：幅度为 100mVpp 的正弦波（以 50Ω 端接）。将幅度改为 300mVpp 的具体步骤如下：按 Ampl 键，使用数字键盘输入 300，然后选择参数单位 mVpp/kHz 即可。

③ 设置 DC 偏移变量　波形默认偏移电压为 0V 的正弦波（以 50Ω 端接）。将 DC 偏移电压改为 −150mV 的具体步骤如下：按 Offset 键，使用数字键盘输入 −150，然后选择参数单位 mVpp/kHz 即可。

④ 设置相位　波形默认相位为 0°。将相位设置为 90°的具体步骤如下：按 Phase 键，使用数字键盘输入 90，然后选择参数单位 %/ms 即可。

⑤ 设置脉冲波占空比　脉冲波默认频率为 1kHz，占空比为 50%。以占空比位 25%，具体步骤如下：依次按 Pulse → Duty 键，使用数字键盘输入 25，然后选择参数单位 %/ms 即可。

⑥ 设置斜波对称度　斜波默认频率为 1kHz，以对称度为 75% 的三角波为例，具体步骤如下：依次按 Ramp → Duty 键，使用数字键盘输入 75，然后选择参数单位 %/ms 即可。

⑦ 设置直流电压　直流电压默认为 0V，将直流电压改为 3V，具体步骤如下：按 ⌂ 键，使用数字键盘输入 3，然后选择参数单位 Vpp/MHz 即可。

⑧ 设置噪声波　系统默认的是幅度为 100mVpp，直流偏移为 0V 的准高斯噪声。以设置幅度为 300mVpp，直流偏移为 1V 的准高斯噪声为例，具体步骤如下：依次按 Noise → Ampl 键，使用数字键盘输入 300，然后选择参数单位 mVpp/kHz 即可，然后按 Offset 键，使用数字键盘输入 1，然后选择参数单位 Vpp/MHz 即可。

(2) System 设置

System 辅助功能设置可调整阻抗、屏幕亮度，设置按键声音、出厂设置。

① 输出阻抗设置　按 System 键，光标选中 50Ω 或 HighZ，再按 ▲ 或者 ▼，阻抗在 50Ω 和 HighZ 之间切换。

② 屏幕亮度　按 System 键，再按 ► 键，光标选中 ☀，再按 ▲ 或者 ▼ 调整屏幕显示亮度。屏幕亮度分为三个等级：10%、50% 和 100%。

③ 按键声音　按 System 键，再按 ► 键，直到选中 🔊，再按 ▲ 或者 ▼ 可以关闭或者打开按键时的声音。

④ 出厂设置　按 System 键，再按 ► 键，直到选中 ⚠，再长按 ⊙ 键 3s 进行出厂设置。

第三章
模拟电子技术实验

实验一 | 常用电子仪器的使用

一、实验目的

① 了解电子技术实验系统的基本组成部分。

② 学习电子电路实验中常用的电子仪器——数字示波器、数字信号发生器、数字万用表的主要技术指标、性能及正确使用方法。

③ 掌握示波器观察波形和读取参数的方法。

二、实验仪器与元器件

① 模拟电子技术实验箱。

② 数字信号发生器。

③ 数字双踪示波器。

④ 数字万用表。

三、预习要求

① 阅读第二章"常用电子测量仪器的使用"。

② 当 $C=0.33\mu F$、$R=240\Omega$ 时，分别计算一阶无源低通滤波电路空载和带 $1k\Omega$ 负载情况下的截止频率 f_c。

③ 计算 $f=f_c$ 输出波形与输入波形间的相位差 Φ。

四、回答预习思考题

① 示波器可以测试什么样的信号？其频率范围是多少？

② 数字信号发生器可以输出哪些波形？如何调节频率和幅值？TTL 波形输出和方波输出有何不同？

③ 无源低通滤波电路的通频带与电路参数之间有怎样的关系？

④ 如何解决负载对低通滤波器的截止频率的影响？

五、实验知识准备

在电子电路实验中，经常使用的电子仪器有万用表、示波器、信号发生器及稳压电源等。这些是测试、调整或研究电子线路的基本仪器，每个实验几乎都会用到。仪器与被测实验装置之间的布局和连线如图 3-1-1 所示，按信号的流向，以连线简捷、观察读数方便的原则进行合理布局。接线时应注意，为防止外界的干扰，所用仪器的公共地端都应连在一起，称共地。信号源和示波器要用专用电缆线，直流稳压电源的接线用普通导线。

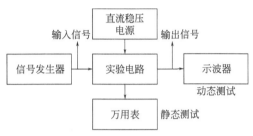

图 3-1-1　仪器使用的实验接线

1. 数字信号发生器的使用

数字信号放生器可以根据需要输出正弦波、方波、三角波等各种波形信号。波形默认配置：频率 1kHz、幅值为 100mVpp 的正弦波（以 50Ω 端接）。

（1）使用数字信号发生器输出频率的调节方法

将频率改为 2.5MHz 的方法：按"Freq"键，使用数字键盘输入 2500，然后选择参数单位 ⬚ 即可。

（2）使用信号发生器输出幅度的调节方法

将幅度改为 300mVpp 的方法：按"Ampl"键，使用数字键盘输入 300，然后选择参数单位 ⬚ 即可。

注意：数字信号发生器的输出端不允许短路。

2. 数字双踪示波器的使用

① 使用数字示波器测量信号之前，必须进行校正。

a. 探头补偿信号用于补偿探头。将示波器探头从通道 1 连接到前面板上的演示/探头补偿端子。将探头的接地导线连接到接地端子（演示端子旁边）。

b. 按下［Default Setup］默认设置调用默认示波器设置。

c. 按下［Auto Scale］自动定标自动配置示波器，以便捕获探头补偿信号。

d. 按下探头所连接的通道键（"1""2"等）。

e. 在"通道菜单"中，按下探头。

f. 在"通道探头菜单"中，按下探头检查，然后按照屏幕上的说明操作。如果需要，使用非金属工具（探头附带）调整探头上的微调电容器，以获得尽可能平的脉冲。在某些探头（如 N2140/42A 探头）上，微调电容器位于探头 BNC 连接器上。在其他探头（如 N2862/63/90 探头）上，微调电容器是探头端部的黄色调整装置。

示波器探头补偿波形如图 3-1-2 所示，补偿正确测量结果才正确。

② 正弦波峰峰值、有效值和频率的自动测量。

补偿正确　　　　　　　　补偿过度　　　　　　　　补偿不足

图 3-1-2　示波器探头补偿波形图

a. 用数字信号发生器产生一个固定频率和幅值的正弦波，然后接到示波器的输入端 1。按下"Auto Set"键，即可扫描到波形。

b. 测量峰峰值或有效值。按下"Measure"键以显示自动测量菜单。按下 1 号菜单操作键以选择信源 CH1。按下 2 号菜单操作键选择测量类型：电压测量。在电压测量弹出菜单中选择测量参数：峰峰值或有效值。此时，在屏幕左下角可以发现峰峰值或有效值的显示。

c. 测量频率或周期。按下 3 号菜单操作键选择测量类型：时间测量。在时间测量弹出菜单中选择测量参数：频率或周期。此时，在屏幕左下方可以发现频率或周期的显示。

3. 一阶 RC 低通滤波电路相关知识

（1）无源低通滤波电路

图 3-1-3 为一阶 RC 无源低通滤波电路及其幅频特性。

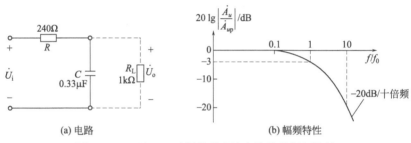

(a) 电路　　　　　　　　　　　(b) 幅频特性

图 3-1-3　一阶 RC 无源低通滤波电路及其幅频特性

当信号频率趋于零时，电容的容抗趋于无穷大，通带放大倍数 $\dot{A}_{up}=1$。

输入为交流信号时，电压放大倍数与输入信号频率及 RC 参数满足下列关系：

$$\dot{A}_u = \frac{\dot{U}_o}{\dot{U}_i} = \frac{\dfrac{1}{\mathrm{j}\omega C}}{R+\dfrac{1}{\mathrm{j}\omega C}} = \frac{1}{1+\mathrm{j}\omega RC} = \frac{1}{1+\mathrm{j}2\pi f RC} \tag{3-1-1}$$

令 $f_p = \dfrac{1}{2\pi\tau} = \dfrac{1}{2\pi RC}$。

放大倍数的模为：

$$|\dot{A}_u| = \frac{|\dot{A}_{up}|}{\sqrt{1+\mathrm{j}\dfrac{f}{f_p}}} \tag{3-1-2}$$

当 $f=f_p$ 时，有 $|\dot{A}_u|=0.707|\dot{A}_{up}|$。

当 $f \gg f_p$ 时，$|\dot{A}_u|=\dfrac{f_p}{f}|\dot{A}_{up}|$，频率每升高 10 倍，$|\dot{A}_u|$ 下降 10 倍，即过渡带的斜率

为−20dB/十倍频。电路的幅频特性如图3-1-3(b)中实线所示。

当图3-1-3(a)所示电路带上负载后（如图中虚线所示），通带放大倍数变为：

$$\dot{A}_{up} = \frac{R_L}{R + R_L} \tag{3-1-3}$$

输入为交流信号时，电压放大倍数与输入信号频率及 RC 参数满足下列关系：

$$\dot{A}_u = \frac{\dot{U}_\circ}{\dot{U}_i} = \frac{R_L // \dfrac{1}{j\omega C}}{R + \dfrac{1}{j\omega C} // R_L} = \frac{\dfrac{R_L}{R + R_L}}{1 + j\omega (R // R_L) C} = \frac{\dot{A}_{up}}{1 + j\dfrac{f}{f'_p}} \tag{3-1-4}$$

式中，$f'_p = \dfrac{1}{2\pi\tau} = \dfrac{1}{2\pi (R // R_L) C}$。

式（3-1-4）表明，带负载后，通带放大倍数的数值减小，通带截止频率升高。可见，无源滤波电路的通带放大倍数及其截止频率都随负载而变化，这一缺点常常不符合信号处理的要求，因而产生了有源滤波电路。

（2）有源低通滤波电路

如图3-1-4(a)所示为一阶 RC 有源低通滤波电路，利用运放的"虚短""虚断"特点，其放大倍数仍为式（3-1-1）。因此当图3-1-4(a)所示电路负载 R_L 发生变化时，利用有源滤波器的隔离作用，电路的放大倍数和幅频特性曲线不会跟随负载的变化而变化。

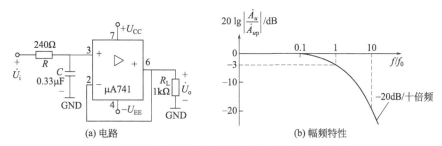

(a) 电路　　　　　　　　　　(b) 幅频特性

图 3-1-4　一阶 RC 有源低通滤波电路及其幅频特性

六、基础硬件实验

1. 实验内容与步骤

（1）用数字万用表测量模拟电子技术实验箱上＋5V、−5V、＋12V、−12V 直流电压

先接通模拟电子技术实验箱开关。开启万用表电源，并按被测电源的标称值选择所需 DC 量程。将万用表的黑表笔接"GND"端，红表笔接被测端，读出数据并记入表 3-1-1 中。

表 3-1-1　直流电源测量表格

标称值	＋5V	−5V	＋12V	−12V
测试值 （数字万用表）				

（2）用数字示波器测量正弦波信号参数

开启信号发生器电源，将信号源输出设置为有效值为 1V、频率为 100Hz 的正弦波信号。将示波器 1 通道探头的两极接到信号发生器输出端。打开示波器电源。按下"Auto Set"键，观察信号发生器输出信号的波形。按下"Measure"键以显示自动测量菜单。依次读出所测正弦波的频率、电压有效值等记入表 3-1-2 中。按照表 3-1-2 中的参数，重复上述操作。

表 3-1-2　正弦波测量表格

序号	频率	电压有效值	频率	周期	电压有效值	电压峰峰值
1	100Hz	1V				
2	1kHz	150mV				
3	10kHz	1V				
4	100kHz	150mV				

(3) 用数字示波器测量脉冲参数

开启信号发生器电源，将信号发生器输出设置为频率在 $500\sim800\text{kHz}$ 之间、幅值适中的脉冲波（方波）信号。将示波器 1 通道探头的两极接到信号发生器输出端。打开示波器电源。按下"Auto Set"键，观察信号发生器输出信号的波形。按下"Measure"键以显示自动测量菜单。脉冲波形参数如图 3-1-5 所示，依次读出所测脉冲波的上升沿延迟时间、下降沿延迟时间、脉冲宽度、脉冲幅值、脉冲周期，记入表 3-1-3 中。改变脉冲频率和幅值，测 2 组数据。

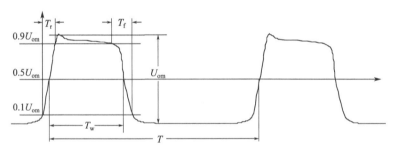

图 3-1-5　脉冲波形参数

T_r—上升沿延迟时间；T_f—下降沿延迟时间；T_w—脉冲宽度；U_{om}—脉冲幅值；T—脉冲周期

表 3-1-3　脉冲波形测量表格

所选频率	上升沿延迟时间 T_r	下降沿延迟时间 T_f	脉冲宽度 T_w	脉冲幅值 U_{om}	脉冲周期 T
$f_1=$					
$f_2=$					

(4) 一阶 RC 无源低通滤波电路参数的测量

① 测量时一阶 RC 无源低通滤波电路的截止频率　按图 3-1-3(a) 连线。在电路空载的情况下，信号发生器输出设定电压有效值为 1V、频率为 25Hz 的正弦波信号作为输入信号 U_i，示波器选择双踪模式，U_i 和 U_o 同时送入示波器 1 和 2 通道。调节信号发生器频率，示波器通道 U_i 的值保持 1V 有效值，频率从 25Hz 逐渐升高。随着输入信号频率的增高，会发现 U_o 的幅值逐渐减小。当示波器 U_o 有效值降为 0.707V 时，对应的信号频率即为截止频率 f_c。注意测试时保持 U_i 的有效值为 1V 不变。当 U_o 有效值为 0.707V 时，函数信号发生器

的输出频率就是截止频率。

电路输出端接入 1kΩ 负载电阻，重复上述过程。将测试结果记入表 3-1-4 中。

表 3-1-4 一阶 *RC* 无源低通滤波电路数据表

一阶 *RC* 无源低通滤波电路	空载	带载
f_c		
Φ		

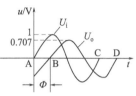

② 测量输入信号和输出信号之间的相位差　在调节信号发生器频率的过程中，当 U_o 有效值为 0.707V 时，记录此时的示波器屏幕显示波形（参考图 3-1-6），记录此时输入信号与输出信号之间的相位差 Φ，记入表 3-1-4。

③ 点频法测量幅频特性曲线　在电路空载的情况下，选取表 3-1-5 中各个频率点，改变信号源的频率（输入正弦波电压有效值 $U_i = 1$V），在各频率点处测量输出电压，完成表 3-1-5。根据测量数据，绘出幅频特性曲线。

图 3-1-6　输入信号
与输出信号
之间的相位差

表 3-1-5 幅频特性曲线测试数据表

频率/Hz	$0.01f_c$	$0.1f_c$	$0.5f_c$	$2f_c$	$5f_c$	$10f_c$	$100f_c$
U_o/V							

（5）一阶 *RC* 有源低通滤波电路参数的测量

按图 3-1-4(a) 连接电路，按照一阶 *RC* 无源低通滤波电路参数的测试步骤，分别测试输出端空载和带载两种情况下的电压放大倍数、截止频率。

与一阶 *RC* 无源低通滤波电路幅频特性进行比较，并说明频率特性曲线变化的特点。

2. 仿真电路及实验结果

图 3-1-7 为一阶 *RC* 无源低通滤波器仿真电路。图 3-1-8 为仿真实验结果。

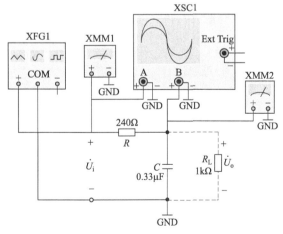

图 3-1-7　一阶 *RC* 无源低通滤波器仿真电路

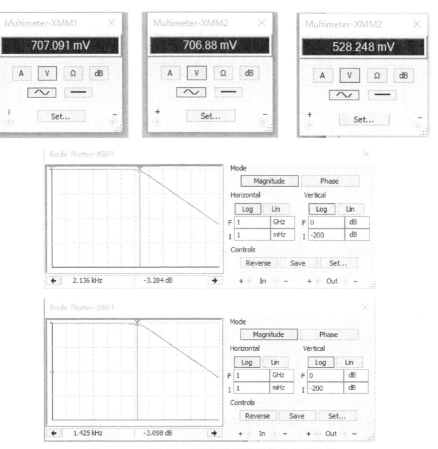

图 3-1-8　一阶 RC 无源低道滤波器仿真实验结果

如图 3-1-8 所示，测得输入信号的频率为 50Hz 时，输入电压有效值为 0.7V 左右，空载时输出电压有效值约为 0.7V，放大倍数为 1。输出端接入负载后，输出电压降为 0.5V 左右，放大倍数下降为 0.7 左右。空载时，测得截止频率约为 2kHz，带载后，截止频率下降为 2.5kHz 左右。

图 3-1-9 为一阶 RC 有源低通滤波器仿真电路，图 3-1-10 为仿真结果。

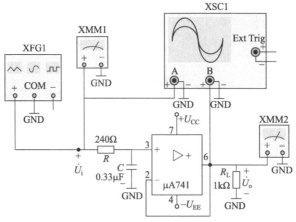

图 3-1-9　一阶 RC 有源低通滤波器仿真电路

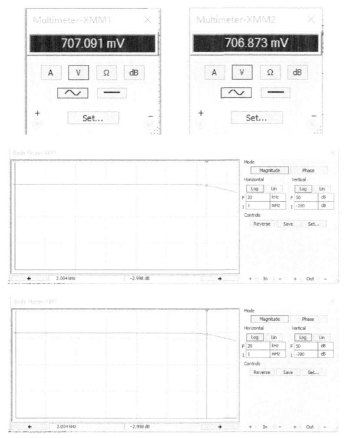

图 3-1-10 一阶 RC 有源低通滤波器仿真实验结果

如图 3-1-10 所示，测得输入信号的频率为 50Hz 时，输入电压有效值为 0.7V 左右，空载时和带载后输出电压有效值没有变化，都是约为 0.7V，放大倍数为 1。空载时和带载后测得截止频率约为 2kHz。

实验二 二极管、三极管参数测试及二极管充、放电电路研究

一、实验目的

① 熟悉晶体二极管、三极管的主要参数。
② 学习使用万用表测量二极管、三极管的方法。
③ 学会使用发光二极管实现充、放电显示电路的构造方法。

二、实验仪器与元器件

① 模拟实验箱。
② 数字双踪示波器。

③ 数字万用表。

④ 二极管、稳压二极管、发光二极管、三极管。

⑤ 电阻、电容、导线若干。

三、预习要求

① 通过网址"www.datasheet5.com"在线查阅二极管 1N4148 与 1N60、稳压二极管 1N4732、发光二极管、晶体三极管 CS9011 数据手册，了解二极管和三极管的主要参数。

② 学习利用万用表测试二极管、三极管的方法。

四、回答预习思考题

① 二极管极性和质量好坏的判别方法。

② 三极管极性和质量好坏的判别方法。

③ 稳压二极管型号与稳压值。

④ 常用发光二极管的导通电压值。

五、实验知识准备

1. 二极管、三极管基本知识

二极管按照材料可分为硅二极管、锗二极管等，按照用途可分为稳压二极管、发光二极管、整流二极管、快恢复二极管、光电二极管、开关二极管等。

稳压二极管利用 PN 结反向击穿时的工作电压基本不随电流变化而变化达到稳压目的。

发光二极管简称 LED，常用发光二极管的颜色主要有红色、黄色、绿色、蓝色、白色、橙色等。发光二极管的工作电流通常为 2～25mA，工作电压随着材料的不同而不同，普通绿色、黄色、红色、橙色发光二极管的工作电压一般为 2V，白色发光二极管的工作电压一般超过 2.4V，蓝色发光二极管的工作电压一般超过 3.3V。

本实验用到硅二极管 1N4148、锗二极管 1N60、稳压二极管 1N4732，其实物图见图 3-2-1，电路符号见图 3-2-2。

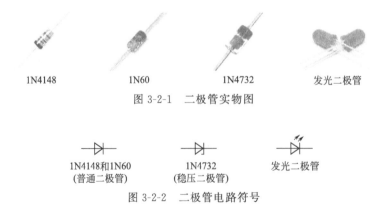

1N4148	1N60	1N4732	发光二极管

图 3-2-1　二极管实物图

1N4148和1N60 （普通二极管）	1N4732 （稳压二极管）	发光二极管

图 3-2-2　二极管电路符号

半导体三极管又称为双极型晶体管、晶体三极管，简称三极管，是一种电流控制电流的半导体器件。三极管按材质分为硅管和锗管；按照结构可分为 NPN 型和 PNP 型；按照功能分为开关管、功率管、达林顿管、光敏管等。

本实验中用到 NPN 三极管 CS9011 或 CS9018，其中 CS9011 的实物图见图 3-2-3，电路符号及引脚图见图 3-2-4。

表 3-2-1 给出了常用三极管参数。对于图 3-2-4 所示三极管引脚图中的 Z-XXX，Z 代表不同的符号，代表不同的放大倍数等级。通常 Z 可取 D、E、F、G、H、I、J，从 D 到 J 参数 h_{FE} 范围逐渐增大。以 S9018 为例，D($28 \sim 45$)，E($39 \sim 60$)，F($54 \sim 80$)，G($72 \sim 108$)，H($97 \sim 146$)，I($132 \sim 198$)，J($180 \sim 270$)。

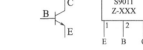

图 3-2-3　CS9011 实物图　　　　图 3-2-4　CS9011 电路符号及引脚图

表 3-2-1　常用三极管参数

序号	三极管主要参数	CS9011	CS9018	CS9013	CS9012
1	类型	NPN	NPN	NPN	PNP
2	集电极电流	0.03A	0.05A	0.5A	0.5A
3	放大倍数 h_{FE}	G($72 \sim 108$)	G($72 \sim 108$)	G($112 \sim 166$)	G($112 \sim 166$)

2. 二极管极性及检测方法

一个质量好的二极管，应该是反向电阻趋于无穷大，正向电阻越小越好。

质量好坏检测：将数字万用表的量程转到二极管测量挡，红黑表笔任意搭至二极管两个引脚上，测量其电阻值，交换表笔位置再测一次。两次测量阻值如一次比较小（$300 \sim 800\Omega$），一次比较大（数字万用表显示"1"，表示阻值无穷大），说明二极管质量完好，具有单向导电性，且正向电阻越小，反向电阻越大，说明二极管质量越好。如果正反向电阻相差不大则为劣质管，若正反向电阻都为 0 或者都为无穷大，说明管子已击穿短路或者内部已开路，则可判断二极管已坏。

二极管极性检测：将数字万用表的量程转到二极管测量挡，二极管的两次测量中电阻较小的一次测量红表笔所对应的一端为二极管的正极。对于硅管，正向导通时的压降一般应显示 $0.500 \sim 0.800V$，而对于锗管则应显示 $0.150 \sim 0.300V$，根据此时所测得数据，很容易区分硅二极管和锗二极管。

注意：稳压二极管与发光二极管的测量方法同普通二极管的测量方法相同，注意稳压二极管和发光二极管的导通电压与普通二极管有所不同。

3. 三极管极性及引脚检测方法

晶体三极管是由两个 PN 结组成的有源三端器件，分为 NPN 和 PNP 两种类型。结构可等效为图 3-2-5。

利用数字万用表不仅能判定三极管型号、引脚排布，还能测量管子的共射电流放大系数 h_{FE}。

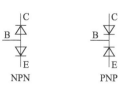

图 3-2-5　三极管等效电路

（1）判定基极 B

将数字万用表拨至二极管挡，红表笔固定接某个电极，用黑表笔依次接触另外两个电极，两次显示值基本相等（或均在 1V 以下，或都显示"1"），证明红表笔所接的是基极。如果两次显示值中一次在 1V 以下，另一次显示示数为"1"，证明红表笔接的不是基极，应该换其他电极重新测量。

（2）鉴别 NPN 管与 PNP 管

若用红表笔接触基极 B，黑表笔依次接触另外两个电极，如果两次显示均在 1V 以下，则为 NPN 管。

若用红表笔接触基极 B，黑表笔依次接触另外两个电极，如果两次显示示数均为"1"，则为 PNP 管。

（3）判定集电极和发射极，同时测量 h_{FE} 值

为进一步判定集电极与发射极，需借助于 h_{FE} 插口。假定被测管是 NPN 型，需将仪表拨至 h_{FE} 挡，把基极插入 B 孔，剩下两个电极分别插入 C 孔和 E 孔中。测出的 h_{FE} 为几十至几百，说明管子属于正常接法，放大能力较强，此时 C 孔接的是集电极，E 孔接的是发射极。倘若测出的 h_{FE} 值只有几至十几，证明管子的集电极和发射极插反了。

六、基础硬件实验

实验内容与步骤：

① 使用数字万用表二极管挡测量二极管，并将测量结果记入表 3-2-2。

表 3-2-2　二极管测量记录

型号	数字表 ─▷├─ 挡测量		判断管型（硅、锗）
	正向读数	反向读数	
1N4148			
1N60			

数字表显示数字如果只在最左边显示"1"，表示被测电阻为无穷大。

② 使用数字万用表测量稳压二极管和发光二极管，将测量结果记入表 3-2-3。测量发光二极管时注意正向导通时发光二极管发微光。

表 3-2-3　稳压二极管和发光二极管测量记录

型号	数字表 ─▷├─ 挡测量		导通电压
	正向读数	反向读数	
1N4732			
发光二极管			

③ 使用数字万用表测量三极管。

被测管使用 CS9011（或 CS9013）、CS9012。

a.使用数字万用表二极管挡测量。

b. 区分基极（B）。

c. 区分极性（NPN、PNP）。

d. 区分发射极（E）和集电极（C）。

e. 记录 B、C，B、E 和 C、E 间的读数，记入表 3-2-4。

f. 测量三极管的 β 值，记入表 3-2-4 中。

表 3-2-4　三极管测量数据记录

型号	数字表—▷⊢挡测得读数						
	B-E	E-B	B-C	C-B	C-E	E-C	h_{FE}
CS9011							
CS9012							

说明：表 3-2-4 中，B-E、E-B 分别表示 B、E 间正向时和反向时测得的读数；B-C、C-B 分别表示 B、C 间正向时和反向时测得的读数。其余类推。

七、基础应用实验

1. 二极管应用——双相限幅电路

利用二极管的单向导电性构成双相限幅电路，如图 3-2-6 所示。由数字信号发生器产生频率为 10Hz、幅值为 10V 的正弦波信号加在电路输入端，用数字双踪示波器观察电路输入端和输出端的波形，分别求出上限电压和下限电压，记入表 3-2-5 中。双相限幅电路的仿真波形如图 3-2-7 所示。

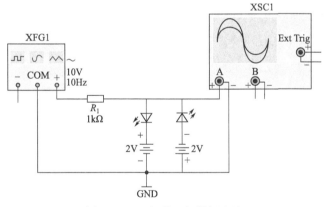

图 3-2-6　二极管双相限幅电路

二极管双向限幅电路

表 3-2-5　双相限幅电路数据记录

项目	输出端电压	输入、输出端波形
上限电压值		
下限电压值		

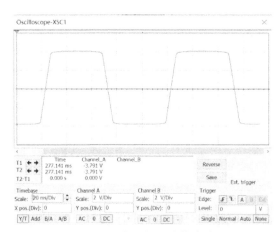

图 3-2-7　双相限幅电路仿真波形

2. 二极管应用——二极管充、放电显示电路

利用发光二极管单向导电性设计一个能够显示电容充电和放电过程的电路。当电容充电时，充电电流用红色发光二极管显示出来；电容放电时，放电电流用绿色发光二极管显示出来。

二极管充、放电显示电路如图 3-2-8 所示。电路的左边部分 S_1、R_1、LED_1 和电解电容 C_1、C_2 组成充电电路。充电电流由红色发光二极管 LED_1 显示出来。电路图的右边部分 S_2、R_2、LED_2 和 C_1、C_2 组成放电电路，放电电流由绿色发光二极管 LED_2 显示出来。图 3-2-9 为二极管充、放电显示电路电容充、放电电压波形。

当 S_1 闭合时，电源通过 R_1、LED_1 向电容 C_1、C_2 充电，在接通电源的瞬间，由于 C_1、C_2 中没有电荷，其两端电压为零，这时通过红色发光二极管 LED_1 的电流最大，发光亮度最高。随着电容上电荷的积累，电容两端电压逐渐增加，电阻 R_1 和 LED_1 中电流逐渐减少，R_1 的阻值越大，流过 LED_1 的瞬间电流越小，但发光时间延长，也就是电容的充电时间越长。随着时间的推移，电容逐渐充满电荷，充电电流逐渐减小，红色发光二极管 LED_1 逐渐熄灭。

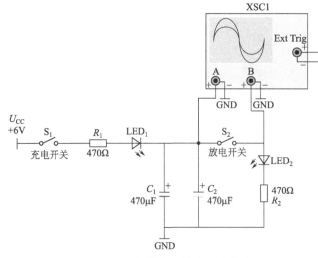

图 3-2-8　二极管充、放电显示电路

二极管充、放电显示电路

当电容 C_1、C_2 充满电荷后，断开 S_1，此时 C_1、C_2 与电源脱离，这时，闭合 S_2，绿色发光二极管 LED_2 开始点亮发光，表明电容 C_1、C_2 开始放电，以此可以表明电容具有存储电荷的能力。电容放电时，随着存储的电荷逐渐减少，其两端电压也迅速下降，放电电流也随之按指数规律急剧减少。LED_2 的亮度由最亮迅速变暗并最终熄灭。电容的容量越大，且限流电阻 R_2 的阻值越大，电容的放电时间越长，LED_2 点亮的持续时间就越长。通过以上描述可知，限流电阻 R_1（或 R_2）的电阻值与电容 C_1、C_2 两者的乘积，即 RC 越大，充、放电所需时间也越长，因此把 RC 的乘积叫作阻容充、放电电路的时间常数，用希腊字母 τ 来表示，即 $\tau = RC$。

电路中采用了两个电解电容并联，目的是提高总电容容量，以延长演示的时间，以便更为直观地观察电容的充电、放电过程。两个 $470\mu F$ 的电容并联，其总电容为 $2 \times 470\mu F = 960\mu F$。$470\mu F$ 电解电容的体积稍大。实验开始时，S_1、S_2 均应先处于断开状态，先闭合 S_1，待充电过程结束后，再断开 S_1，然后闭合 S_2，待放电结束后，再断开 S_2。S_1、S_2 不能同时处于关闭状态。

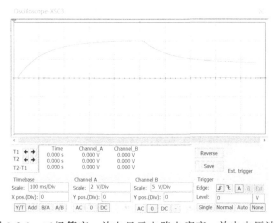

图 3-2-9　二极管充、放电显示电路电容充、放电电压波形

实验三 | 三极管共射放大电路特性研究

一、实验目的

① 认知电阻阻值、电容容值、耐压值及三极管好坏和 β 值测试方法。

② 学习电子线路安装和利用 Multisim 进行仿真分析验证理论的方法。

③ 学会放大器静态工作点的测量和调试方法，分析静态工作点对放大器性能的影响。

④ 掌握放大器交流参数电压放大倍数、输入电阻、输出电阻、最大不失真输出电压、幅频特性曲线的测试方法。

⑤ 掌握放大电路由于元器件变化而引起故障或变化的原因，进行故障分析。

二、实验仪器与元器件

① 模拟实验箱。

② 数字信号发生器。

③ 数字双踪示波器。

④ 数字万用表。

⑤ 三极管：CS9011 或 CS9013 或 CS9018。

⑥ 电阻、电容、导线若干。

三、预习要求

① 通过网址"www.datasheet5.com"在线查阅芯片器件手册，掌握色环电阻阻值、三极管编号及使用的有关知识。

② 利用微变等效电路法计算给定放大电路静态工作点 Q 及交流参数。

③ 利用作图法寻找最大输出电压时静态工作点的位置及与相关参数的关系。

四、回答预习思考题

① 如何识别三极管引脚排布，如何进行三极管好坏的判断？

② 简述三极管放大倍数范围及测试方法。

③ 说明电容的分类及电容容值识别方法。

④ 利用作图法求最大输出电压时的静态工作点。

⑤ 对元器件发生变化时的电路故障现象进行说明。

五、实验知识准备

半导体三极管又称为双极型晶体管、晶体三极管，简称三极管，是一种电流控制电流的半导体器件。三极管按材质分为硅管和锗管；按照结构可分为 NPN 型和 PNP 型；按照功能分为开关管、功率管、达林顿管、光敏管等。

本实验中用到的是 NPN 三极管 CS9011 或 CS9018。三极管实物图见图 3-3-1，电路符号及引脚图见图 3-3-2。

表 3-3-1 给出了常用三极管的参数。对于图 3-3-2 所示三极管引脚图中的 Z-XXX，Z 代表不同的符号，代表不同的放大倍数等级。通常 Z 可取 D、E、F、G、H、I、J，从 D 到 J 参数 h_{FE} 范围逐渐增大。以 CS9018 为例，D（28～45），E（39～60），F（54～80），G（72～108），H（97～146），I（132～198），J（180～270）。

 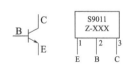

图 3-3-1　CS9011 实物图　　图 3-3-2　CS9011 电路符号及引脚图

表 3-3-1 常用三极管参数

序号	三极管主要参数	CS9011	CS9018	CS9013	CS9012
		NPN 型	NPN 型	NPN 型	PNP 型
1	集电极电流	0.03A	0.05A	0.5A	0.5A
2	放大倍数 h_{FE}	G(72~108)	G(72~108)	G(112~166)	G(112~166)

给定共射放大电路如图 3-3-3 所示。

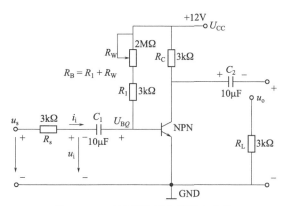

图 3-3-3 三极管单管共射放大电路

1. 静态工作点 Q 及交流参数计算

画出图 3-3-3 所示电路的直流通路，如图 3-3-4 所示，以及带载 R_L 条件下图 3-3-3 所示电路的微变等效电路，如图 3-3-5 所示。

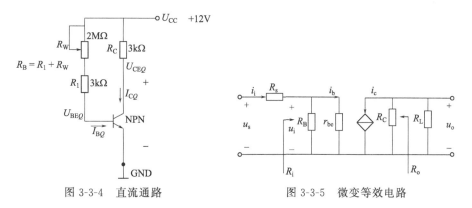

图 3-3-4 直流通路

图 3-3-5 微变等效电路

根据图 3-3-4 得到静态工作点 Q：

$$\begin{cases} I_{BQ} = \dfrac{U_{CC} - U_{BEQ}}{R_B} \\ I_{CQ} = \beta I_{BQ} \\ U_{CQ} = U_{CC} - I_{CQ}R_C \end{cases} \qquad (3\text{-}3\text{-}1)$$

式中，$U_{BEQ} \approx 0.7\text{V}$。

根据图 3-3-5 得到交流参数：

$$r_{be} = r'_{bb} + \frac{26(\mathrm{mV})}{I_{BQ}(\mathrm{mA})}$$

$$A_u = \frac{u_o}{u_i} = -\frac{\beta R'_L}{r_{be}}; \quad R'_L = R_C \mathbin{/\mkern-5mu/} R_L$$

$$A_{us} = \frac{u_o}{u_s} = \frac{R_i}{R_s + R_i} A_u \tag{3-3-2}$$

$$R_i = R_B \mathbin{/\mkern-5mu/} r_{be}$$

$$R_o = R_C$$

式中，r'_{bb} 的默认值可取 300Ω。

2. 输入电阻 R_i 的测量

根据输入电阻的公式可知，由于输入电流 i_i 的直接测量比较困难（直接在输入端串入电流表测量 i_i 将对放大器引入较大的干扰信号），所以在测量 i_i 时，采用了间接测量的方法。在电路输入端串入采样电阻 R_s，用示波器测量 R_s 两端的 u_s 和 u_i，由 R_s 上的电压降便可换算出输入电流 i_i。推出输入电阻计算公式：

$$R_i = \frac{u_i}{i_i} = \frac{u_i}{\dfrac{u_s - u_i}{R_s}} = \frac{u_i}{u_s - u_i} \cdot R_s \tag{3-3-3}$$

3. 输出电阻 R_o 的测量

根据输出电阻的公式可知：

$$R_o = \left(\frac{u_{o\infty}}{u_{oL}} - 1\right) R_L \tag{3-3-4}$$

式中 $u_{o\infty}$ ——负载电阻 R_L 开路时的输出电压；

$\quad\quad u_{oL}$ ——带负载输出电压，连接 R_L 后测得的输出电压。

4. 最大不失真输出电压

要得到图 3-3-3 所示共射放大电路的最大不失真输出电压值，需要将 Q 点设置在交流负载线的中点。由图 3-3-6 所示图解分析法中交流负载线和直流负载线可知，应有：

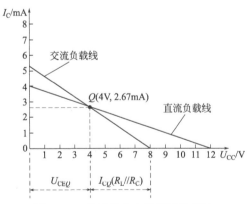

图 3-3-6 共射放大电路图解分析法

$$\begin{cases} U_{CEQ} = I_{CQ}(R_C \mathbin{/\mkern-5mu/} R_L) \\ U_{CEQ} = U_{CC} - I_{CQ}R_C \end{cases} \tag{3-3-5}$$

$$\begin{cases} U_{\text{CEQ}} = 4\text{V} \\ I_{\text{CQ}} = 2.67\text{mA} \end{cases} \tag{3-3-6}$$

因此最大不失真输出电压幅度为：

$$U_{\text{om}} = U_{\text{CEQ}} = I_{\text{CQ}}R'_{\text{L}} = 4\text{V}$$

六、基础硬件实验

实验内容与步骤：

1. 测量静态工作点

三极管放大倍数 β 自测后，按图 3-3-4 连接电路，再接通电源。用数字万用表直流电压挡监视 U_{CEQ} 调节 R_{W}，使 $U_{\text{CEQ}} = 6\text{V}$（即 $I_{\text{CQ}} = 2\text{mA}$），即 Q 处于直流负载线中点。用数字万用表的直流电压挡测量 U_{BQ}，断开电源后，用电阻挡测量 R_{B}，记入表 3-3-2 中。

表 3-3-2　$U_{\text{CEQ}} = 6\text{V}$（即 $I_{\text{CQ}} = 2\text{mA}$）静态工作点测量表

测量值				理论计算值			
U_{BQ}/V	U_{EQ}/V	U_{CEQ}/V	$R_{\text{B}}/\text{k}\Omega$	U_{BEQ}/V	U_{CEQ}/V	I_{CQ}/mA	$R_{\text{B}}/\text{k}\Omega$
	0	6				2	

2. 测量电压放大倍数（保持表 3-3-2 中静态工作点 Q 不变）

在图 3-3-4 所示直流通路的基础上，R_{W} 保持不动，连接图 3-3-3 中剩余电路器件，在放大电路输入端加入频率为 1000Hz 的正弦信号 u_{s}，调节信号发生器的幅值，使 u_{i} 有效值为 10mV，同时用示波器观察放大器输出电压 u_{o} 的波形。在保持波形不失真的条件下，用示波器测量放大电路空载和带载两种情况下的 u_{o} 值。两种情况下用双踪示波器同时观察 u_{o} 和 u_{i} 的相位关系（注意双踪显示时以大信号作为触发源，且小信号在示波器上显示不清楚时将小信号显示通道加带宽限制即可清楚显示），并计算出 A_u，把结果记入表 3-3-3。

表 3-3-3　$U_{\text{CEQ}} = 6\text{V}$（即 $I_{\text{CQ}} = 2\text{mA}$）、$u_{\text{i}}$ 有效值为 10mV 时电压放大倍数测量表

$R_{\text{C}}/\text{k}\Omega$	$R_{\text{L}}/\text{k}\Omega$	U_{o}/V	$u_{\text{i}}/u_{\text{o}}$（波形）	A_u
3	∞			
3	3			

3. 测量输入电阻和输出电阻

在表 3-3-3 所示测试过程中，同时观察 u_{s} 值并记入表 3-3-4 中，根据输入、输出电阻公式，计算得到 R_{i}、R_{o} 的值。

表 3-3-4　$R_{\text{C}} = 3\text{k}\Omega$、$R_{\text{L}} = 3\text{k}\Omega$、$U_{\text{CEQ}} = 6\text{V}$（即 $I_{\text{CQ}} = 2\text{mA}$）时 R_{i}、R_{o} 的测量表

u_{s}/mV	u_{i}/mV	$R_{\text{i}}/\text{k}\Omega$		$u_{\text{o}\infty}/\text{V}$（空载）	u_{oL}（带载）/V	$R_{\text{o}}/\text{k}\Omega$	
		测量计算值	理论值			测量计算值	理论值

4. 观察静态工作点对电压放大倍数的影响

$R_C = 3k\Omega$，$R_L = \infty$，u_i 适当（$\approx 10mV$），调节 R_w，用示波器监视输出电压波形。在 u_o 不失真的条件下，观察数字万用表电压挡电压，通过调节 R_B 改变 I_{CQ} 的值，分别测量 I_{CQ} 为 1mA、2mA（表 3-3-3 已测）、3mA 时 u_o 的值，并计算不同静态工作点时 A_u，计入表 3-3-5 中。

表 3-3-5 $R_C = 3k\Omega$、$R_L = \infty$ 时电压放大倍数测量表

I_{CQ}/mA	1	2	3
u_i/mV			
u_o/V			
A_u			

5. 观察静态工作点对输出波形失真的影响

置 $R_C = 3k\Omega$，$R_L = 3k\Omega$，调节 R_w 使 $I_{CQ} = 2.67mA$，利用数字万用表直流电压挡测出 U_{CEQ} 值，记入表 3-3-6 中。调节输入信号 u_s，使输出幅值最大但不失真，然后保持输入信号幅值不变，分别增大和减小 R_w，使波形出现失真，画出 u_o 的波形，并测出失真情况下的 I_{CQ} 和 U_{CEQ} 值，把结果记入表 3-3-6 中。

表 3-3-6 $R_C = 3k\Omega$、$R_L = 3k\Omega$ 时的测量结果

I_{CQ}/mA	U_{CEQ}/V	u_o 波形	失真类型	Q 点位置
			截止失真	
2.67			不失真	
			饱和失真	

6. 测量最大不失真输出电压（选做）

置 $R_C = 3k\Omega$，$R_L = 3k\Omega$，调节 R_w 使 $I_{CQ} = 2.67mA$（即利用数字万用表直流电压挡测得 $U_{CEQ} = 4V$）时，调节输入信号的幅值，输出刚好不失真时的电压即为最大不失真输出电压。用示波器测量 U_{om}，记入表 3-3-7。

表 3-3-7 $R_C = 3k\Omega$、$R_L = 3k\Omega$ 时最大不失真输出电压测量表

U_{CEQ}/V	u_i/mV	U_{om}/V	$U_{op\text{-}p}/V$
4			

7. 测量幅频特性曲线（选做）

置 $R_C = 3k\Omega$，$R_L = 3k\Omega$，$U_{CEQ} = 6V$（即 $I_{CQ} = 2mA$），保持输入信号的幅值不变（u_s 或 u_i 有效值 5mV），改变信号频率 f，逐点测出相应的输出电压并记入表 3-3-8 中，并根据测量数据画出幅频特性曲线。

表 3-3-8　幅频特性曲线测量数据表

f	$f_L=$			$f_{BW}=$		$f_H=$		
	100Hz	200Hz	500Hz	1kHz	10kHz	100kHz	500kHz	1MHz
U_{om}/V								
$A_u=\dfrac{U_{op\text{-}p}}{U_{ip\text{-}p}}$								

七、基础应用实验（选做）

1. 设计任务

设计并制作一个放大器非线性失真研究装置，其组成如图 3-3-7 所示。本设计实验中减少了微控制器部分硬件电路和相关软件功能。

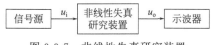

图 3-3-7　非线性失真研究装置

2. 设计要求

三极管放大器外接信号源输出频率 1kHz、峰值 20mV 的正弦波作为三极管放大器输入电压，要求输出无明显失真及四种失真波形，峰峰值不低于 1V。外接示波器测量三极管放大器输出电压 u_o 的波形。

① 放大器能够输出无明显失真正弦波电压。

② 放大器能够输出顶部失真的电压。

③ 放大器能够输出底部失真的电压。

④ 放大器能够输出双向失真的电压。

⑤ 放大器能够输出交越失真的电压。

3. 设计分析

此任务要求信号通过非线性失真研究装置放大后经适当处理得到五种不同的输出波形，且要求峰峰值不低于 1V，需要将音频信号放大 50 倍以上。根据模电所学内容，一般的共射放大电路就能满足要求，而输出还要进行不同类型的失真输出，在本章基础实验部分就可以满足要求①～④，要求⑤需要进行交越失真输出，需要用到模拟电路的互补输出级，综合分析后得到设计框图，如图 3-3-8 所示。

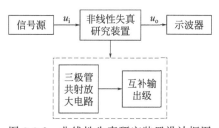

图 3-3-8　非线性失真研究装置设计框图

4. 设计电路

将图 3-3-3 所示共射放大电路中 C_2 和负载 R_L 之间加入 VT_2 和 VT_3 组成的直接耦合互补输出级，为了消除交越失真，采用 VD_1 和 VD_2 组成的二极管电路，得到非线性失真研究装置电路，如图 3-3-9 所示。

调节 R_W 使 VT_1 管 $U_{CEQ}=4V$，给定输入信号后：

① 开关 S_1、S_2、S_3 均搭至 2 时，在输出端可以测试设计要求①的无失真输出波形；

② 开关 S_1、S_2、S_3 均搭至 1 时，在输出端可以测试设计要求⑤的交越失真输出波形；

③ 开关 S_1、S_2、S_3 重新搭至 2，增大给定输入信号，输出端得到满足设计要求④的失真波形；

④ 调节 R_W 使 VT_1 管组成的共射放大电路处于截止区和饱和区，给定输入信号，将开关 S_1、S_2、S_3 均搭至 2，输出端得到满足要求②、③的失真波形。

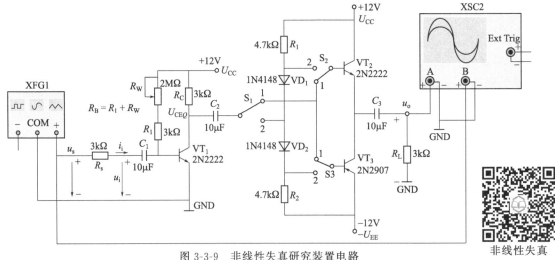

图 3-3-9　非线性失真研究装置电路

非线性失真
研究装置

5. 仿真结果

仿真结果如图 3-3-10 所示。

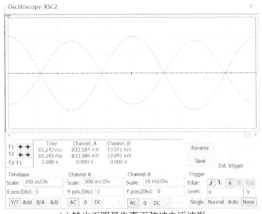

(a) 输出无明显失真正弦波电压波形

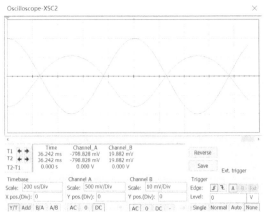

(b) 输出顶部失真的正弦波电压波形

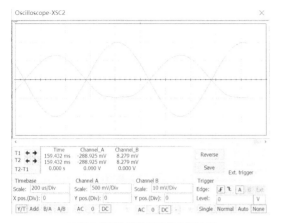

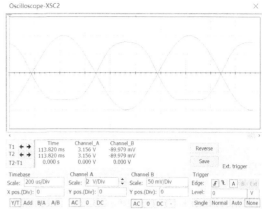

(c) 输出底部失真的正弦波电压波形　　　　　(d) 输出双向失真的正弦波电压波形

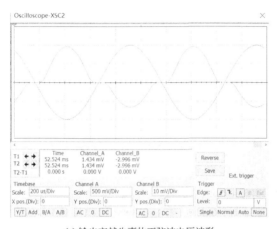

(e) 输出交越失真的正弦波电压波形

图 3-3-10　仿真结果

实验四　集成运放的线性应用

一、实验目的

① 了解集成运算放大器的基本特性。

② 掌握集成运算放大器的正确使用方法。

③ 掌握利用集成运放搭建、测量和调试比例、求和、积分等基本运算电路的方法。

④ 应用数字信号发生器和数字示波器测量技术对运算电路的输出与输入之间的运算进行研究。

⑤ 能正确分析运算精度与运算电路中各元器件参数之间的关系。

⑥ 能根据给定要求设计出实现给定指标的电路系统。

二、实验仪器与元器件

① 模拟实验箱。

② 数字信号发生器。

③ 数字双踪示波器。

④ 数字万用表。

⑤ 通用集成运放 μA741 或 LM324 或 AD620 或 AD705J。

⑥ 电阻、电容、导线若干。

三、预习要求

① 通过网址"www.datasheet5.com"查阅集成运放芯片器件手册,学习有关集成运放工作、使用的有关知识。

② 掌握集成运放工作在线性区和非线性区应用运放外接电路的区别。

③ 掌握用集成运放构成信号放大及模拟运算电路的基本原理,注意"虚短"和"虚断"的应用。

④ 按照实验任务要求,思考分析实验步骤并设计相应的实验表格。

四、回答预习思考题

① 如何识别器件引脚排布?

② 集成运放线性区和非线性区的区别。

③ "虚短"和"虚断"在线性工作区和非线性工作区的使用。

④ 运算电路输出电压范围,差动放大电路输入注意事项。

五、实验知识准备

集成运算放大器是具有两个输入端、一个输出端的高增益 G($10^4 \sim 10^6$)、高输入阻抗($10^6 \sim 10^9$)、高共模抑制比、低输出电阻($10 \sim 100\Omega$)、低漂移的直接耦合放大电路,简称运放。

运放具有使用方便、工作可靠、体积小、耗电省等一系列显著的优点,广泛使用在仪器仪表及各种实时控制电路之中。

运放的应用分为线性应用和非线性应用两大类。

运放的线性应用:要保证运放工作在线性区,运放外加负反馈构成闭环工作。在线性区工作时,可构成模拟信号运算放大电路、有源滤波电路和正弦波振荡电路等。

运放工作在线性区的特点:运放工作在线性区时,利用运放两输入端的"虚短"和"虚断"分析运放输出与输入的运算关系。

运放的非线性应用:要保证运放工作在非线性区,运放处于开环状态或外加正反馈构成闭环工作。在非线性区工作时,可构成幅值比较电路和波形发生器等。

运放工作在非线性区的特点:运放工作在非线性区时,分析输出与输入的关系,此时运放的两输入端"虚断"仍然适用,而"虚短"不再成立。

基本实验中用到的集成运放型号是四运放 LM324 或单运放 μA741,实物照片见图 3-4-1

和图 3-4-2，引脚图见图 3-4-3 和图 3-4-4。表 3-4-1 为实验用运放参数表。

图 3-4-1　LM324

图 3-4-2　μA741

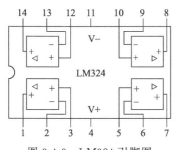

图 3-4-3　LM324 引脚图

图 3-4-4　μA741 引脚图

表 3-4-1　实验用运放参数表

序号	运放主要参数	LM324	μA741	AD620	AD705J
1	电源电压范围	3～36V	3～22V	2.3～18V	2～18V
2	开环电压增益	约 100dB	约 90dB	约 110dB	约 132dB
3	输入电阻	>100MΩ	>2.0MΩ	>10GΩ	>40MΩ
4	输出电阻	50Ω	75Ω	10kΩ	200Ω
5	单位增益带宽积 GBP	1.2MHz	1MHz	12MHz	0.8MHz
6	电压转换速率 SR	0.5V/μs	0.5V/μs	1.2V/μs	0.15V/μs

六、基础硬件实验

1. 基础实验设计任务与要求

① 设计反相比例运算电路，要求 $A_{uF}=-10$，确定各元器件参数并标注在实验电路上。

② 设计反相求和运算电路，要求 $U_o=-(U_{i1}+5U_{i2})$。

③ 设计差动放大电路（加减运算电路），要求 $U_o=10(U_{i2}-U_{i1})$。

2. 实验内容与步骤

（1）运放的检查

按图 3-4-5 将运放搭成电压跟随器，根据输入输出相等原理，给 U_i 送入 ±5V 直流电压，则输出电压 $U_o=±5V$，进行运放 μA741 好坏的检查。

（2）调零

在实验箱上按图 3-4-6 连接电路。调节 R_P 使输出电压 $U_o=0$，并用示波器观察输出是否存在自激振荡。调零后，后面实验不用再调零（调零电路在后面的实验中不再画出）。

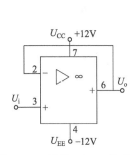

图 3-4-5 运放 μA741 的检查

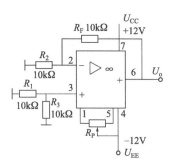

图 3-4-6 调零电路

（3）反相比例运算电路（反相比例器）

① 按图 3-4-7 连接电路。

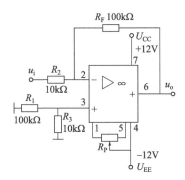

图 3-4-7 反相比例运算电路

对于理想运算放大器，该电路输入电压与输出电压的运算关系为：

$$u_o = -\frac{R_F}{R_2} u_i \tag{3-4-1}$$

图 3-4-7 中，R_1 和 R_3 为同相端补偿电阻，满足 $R_1 /\!/ R_3 = R_2 /\!/ R_F$。

② 将信号发生器的输出频率调至 100Hz，有效值为 0.5V，送入 u_i 端。利用双通道示波器观察输入 u_i、输出 u_o 的幅值和相位关系，记入表 3-4-2。

表 3-4-2 $u_i = 0.5$V、$f = 100$Hz 时反相比例运算电路的实验结果

u_i 有效值/V	u_o 有效值/V	u_i/u_o 波形	电压放大倍数 A_u	
			实测值	理论计算值

（4）反相求和运算电路（反相加法器）

① 按图 3-4-8 连接电路。为突出重点，图中没有画出供电线路和调零电路，实用电路中必须正确连接（后面不再进行说明）。

输入电压与输出电压的运算关系为：

$$U_o = -\left(\frac{R_F}{R_1} U_{i1} + \frac{R_F}{R_2} U_{i2}\right) \tag{3-4-2}$$

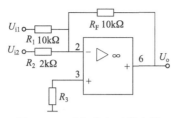

图 3-4-8 反相求和运算电路

图 3-4-8 中，$R_3 = R_1 \parallel R_2 \parallel R_F$。

② 直流信号源作为输入信号，加法器的 U_{i1}、U_{i2} 分别与直流信号源的对应端连接，应注意合理选择 U_{i1}、U_{i2} 的值使运算放大器工作在线性放大区。用数字万用表的直流电压挡测量 U_{i1}、U_{i2} 及 U_o 的几组值并记入表 3-4-3 中。

表 3-4-3 反相求和运算电路的实验结果

U_{i1}/V	1	3	2	2
U_{i2}/V	−0.5	−1	−1	0.5
U_o/V				

（5）加减运算电路（差动放大器）

① 按图 3-4-9 连接电路。

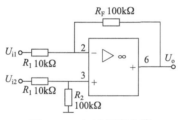

图 3-4-9 加减运算电路

输入与输出之间有如下运算关系：

$$U_o = \frac{R_F}{R_1}(U_{i2} - U_{i1}) \tag{3-4-3}$$

② 直流信号源作为输入信号，输入端 U_{i1}、U_{i2} 分别与直流信号源的对应端连接，应注意合理选择 U_{i1}、U_{i2} 的值使运算放大器工作在线性放大区。用数字万用表的直流电压挡测量 U_{i1}、U_{i2} 及 U_o 的几组值并记入表 3-4-4 中。

表 3-4-4 差动放大器的实验结果

U_{i1}/V	0.4	0.7	1	1.5
U_{i2}/V	0.5	0.4	0.5	1
U_o/V				

（6）积分运算电路

① 按图 3-4-10 连接电路。

输入与输出之间有如下运算关系：

$$u_{\mathrm{o}} = -\frac{1}{R_1 C_1} \int u_{\mathrm{i}} \mathrm{d}t \tag{3-4-4}$$

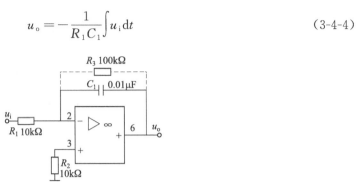

图 3-4-10　积分运算电路

② 不连接 R_3，输入端加频率为 1kHz、峰峰值为 2V、占空比为 50%、偏移量为 0V 的方波信号后，用示波器直流耦合挡观察输出与输入波形并记入表 3-4-5 中。

③ 接入 R_3，重新进行测量。用示波器观察输出与输入波形并记入表 3-4-5 中。

④ 将 C_1 改为 $0.1\mu F$，重新进行测量。用示波器观察输出与输入波形并记入表 3-4-5 中。仿真结果如图 3-4-11 所示。并注意观察 R_3 对输出电压直流分量的抑制作用和 C_1 对积分电路输出电压峰峰值的影响。

表 3-4-5　输入端加 $u_i = 2V$、$f = 1kHz$ 的方波信号时积分运算电路的实验结果

测试条件	u_i/u_o 波形	输出电压峰峰值
不连接 R_3		
接入 R_3		
C_1 改为 $0.1\mu F$		

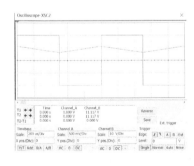 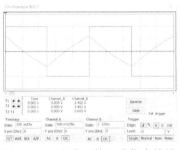 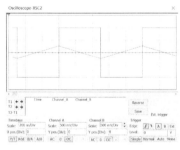

图 3-4-11　积分运算电路仿真结果

(7) 精密运算放大器（仪表放大器）（选做）

测量系统中，被测物理量通过传感器转换为电信号，从传感器得到的信号为差模小信号，并含有较大共模信号，放大器除需要具有较强的放大倍数之外，还需要具有较高的输入电阻和较强的抑制共模信号的能力。图 3-4-12 为用 $\mu A741$ 搭建的小信号仪表放大器，也称为精密运算放大器。输出电压与输入电压满足：

$$u_{\mathrm{o}} = -\frac{R_4}{R_3}\left(1 + \frac{2R_1}{R_2}\right) u_{\mathrm{i}} \tag{3-4-5}$$

按图 3-4-12 连接电路，利用信号发生器给仪表运放输入电压 u_i 一个频率为 1kHz、幅值为

2.5mV 的正弦小信号，利用双踪示波器记录输入 u_i 和输出 u_o 的波形，仿真结果如图 3-4-13 所示。

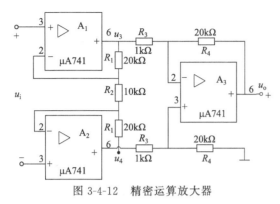

图 3-4-12 精密运算放大器　　　　精密运算放大器

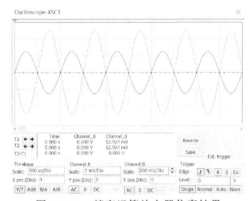

图 3-4-13 精密运算放大器仿真结果

七、基础应用实验

1. 任务一

(1) 设计任务

现有信号采集电路采集得到的电压信号为变化范围为 $-3 \sim +3V$ 的正弦信号。试利用运放设计一电平信号电路，将其变化范围变为 $0 \sim +3V$，以满足单片机 A/D 输入端的要求。（设计电路不唯一）

(2) 设计分析

根据题意可以利用运放线性应用来设计运算电路，实现 $u_o = 1.5 - (-0.5u_i) = 0.5(u_i + 3)$，即得到设计框图，如图 3-4-14 所示。

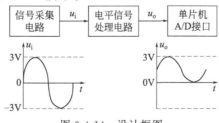

图 3-4-14 设计框图

（3）仿真电路

设计电路如图 3-4-15 所示，仿真结果如图 3-4-16 所示。

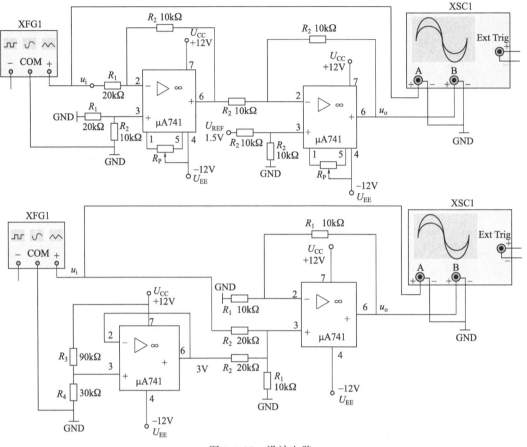

图 3-4-15　设计电路

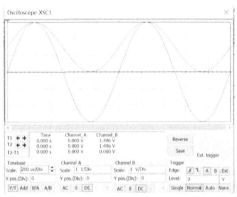

图 3-4-16　仿真结果

2. 任务二

（1）设计任务

采集卡 A/D 接口需要对模拟信号进行采样，其输入要求为 0～5V，但现场只有电流型的传感器，其产生的模拟信号输出范围为 4～20mA。试用合适的运算电路将信号进行转换以满足采集卡的输入要求。

（2）设计分析

此任务给定输入信号为模拟电流信号，且是幅值为 $4\sim20\text{mA}$ 的非周期性信号，为了满足采集卡 $0\sim5\text{V}$ 的电压要求，考察集成运放线性应用，需要将电流信号转换为电压信号，然后进行信号的抬升处理。为了清晰的理论仿真验证设计，将输入的电流信号源用带有 200Ω 内阻的电压源替代。其中电压源电压 $U_\text{i}=U+u_\text{i}=2.4\text{V}+1.6\sin2\pi ft$，其中交流分量频率 $f=1\text{kHz}$。根据任务要求得到的设计框图如图 3-4-17 所示。

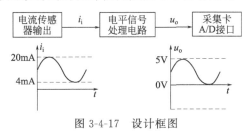

图 3-4-17　设计框图

（3）仿真电路

仿真电路如图 3-4-18 所示，仿真结果如图 3-4-19 所示。

仿真电路中输入电流利用 $U_\text{i}=U+u_\text{i}=2.4\text{V}+1.6\sin2\pi ft$ 正弦波、内阻为 200Ω 的电压源替代。

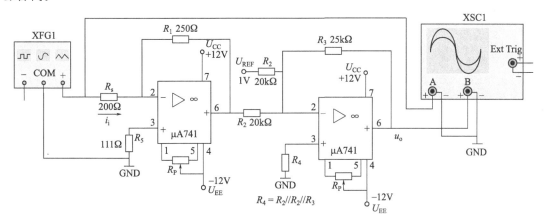

图 3-4-18　仿真电路

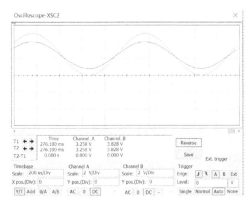

图 3-4-19　仿真结果

电流转换为电压信号抬升电路

实验五 | 集成运放的非线性应用

一、实验目的

① 了解电压比较器与运算放大器的性能区别。
② 掌握电压比较器的结构及特点。
③ 掌握电压比较器电压传输特性的测试方法。
④ 学习比较器在电路设计中的应用。

二、实验仪器与元器件

① 模拟实验箱。
② 数字信号发生器。
③ 数字双踪示波器。
④ 数字万用表。
⑤ 通用集成运放 μA741 或 LM324。
⑥ 普通二极管、稳压二极管。
⑦ 电阻、电容、导线若干。

三、预习要求

① 通过网址"www.datasheet5.com"查阅集成运放芯片器件手册，学习有关集成运放工作、使用的有关知识。
② 掌握集成运放工作在非线性区的特点。
③ 掌握电压比较器的结构和特点。

四、回答预习思考题

① 如何识别器件引脚排布？
② 简述集成运放线性区和非线性区的区别。
③ 简述电压比较器的分类和各自特点。

五、实验知识准备

电压比较器可将模拟信号转换成二值信号，即只有高电平和低电平两种状态的离散信号，可以完成对输入信号的鉴幅与比较，是组成非正弦波发生电路的基本单元电路，在测量和控制中有着相当广泛的应用。在电压比较器电路中，集成运放工作在非线性区，即输出电压和输入电压不再是线性关系。表示输出电压与输入电压之间关系的特性曲线称为传输特性曲线。常见的比较器有过零比较器、滞回比较器、窗口比较器等。

1. 过零比较器

如图 3-5-1 所示的过零比较器，其阈值电压 $U_T = 0V$。集成运放工作在开环状态，其输出电压为 $\pm U_z$。过零比较器的输入电压在阈值电压附近的任何微小变化，都将引起输出信号的跃变，不管这种微小变化是来源于输入信号还是外部干扰，因此，抗干扰能力差。

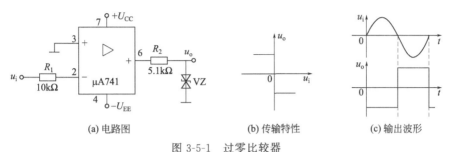

(a) 电路图 (b) 传输特性 (c) 输出波形

图 3-5-1 过零比较器

2. 反相滞回比较器

如图 3-5-2 所示，从输出端通过电阻 R_F 连到同相输入端 P，以实现正反馈，若 u_o 改变状态，P 点也随着改变电位，使过零点离开原来位置。当 $u_i < U_P$ 时，u_o 输出为 $+U_z$，$U_P = \dfrac{R_2}{R_F + R_2} U_z = U_{TH}$，则当 $u_i > U_{TH}$ 后，u_o 即由正 U_z 变成 $-U_z$，这时将 U_{TH} 称为门限电压或转折电压；u_o 变成 $-U_z$ 后，$U_P = -\dfrac{R_2}{R_F + R_2} U_z = U_{TL}$。故只有当 u_i 下降到 U_{TL} 以下，才能使 u_o 再度回升到 $+U_z$。

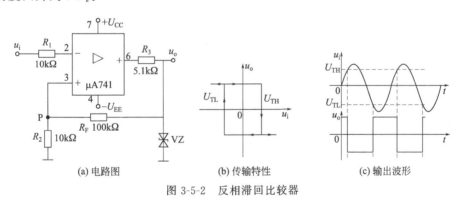

(a) 电路图 (b) 传输特性 (c) 输出波形

图 3-5-2 反相滞回比较器

上下门限电压 U_{TH} 和 U_{TL} 之差称为门限宽度（或称为回差）。图 3-5-2 中 $U_{TH} - U_{TL} = \dfrac{2R_2 U_z}{R_F + R_2}$，改变 R_2 的数值可以改变回差的大小。

3. 同相滞回比较器

电路如图 3-5-3 所示，当 $U_P > 0$ 时，比较器输出为高电平 U_z，运放同相输入端电位 $U_P = \dfrac{R_F}{R_F + R_1} u_i + \dfrac{R_1}{R_F + R_1} U_z$，当减小到使 $U_P < 0$ 时，输出就从高电平 $+U_z$ 跳变为低电平 $-U_z$。

当输出为低电平 $-U_z$ 时，运放同相输入端电位 $U_P = \dfrac{R_F}{R_F + R_1} u_i - \dfrac{R_1}{R_F + R_1} U_z$，当 u_i 增大

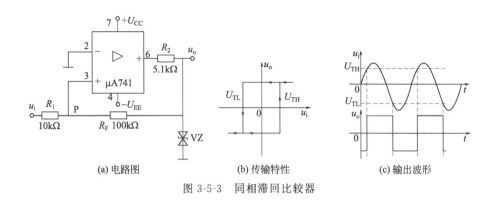

(a) 电路图   (b) 传输特性   (c) 输出波形

图 3-5-3 同相滞回比较器

到使 $U_P > 0$ 时，输出就又从低电平跳变为高电平。

4. 窗口（双限）比较器

窗口比较器是由两个简单比较器组成的，它能指示出 u_i 值是否处于 U_{TL} 和 U_{TH} 之间，电路如图 3-5-4 所示，当 $U_i < U_{TL}$ 或 $U_i > U_{TH}$，窗口比较器的输出电压 U_o 等于运放的正饱和输出电压，如果 $U_{TL} < U_i < U_{TH}$，则输出电压 U_o 等于运放的负饱和输出电压。

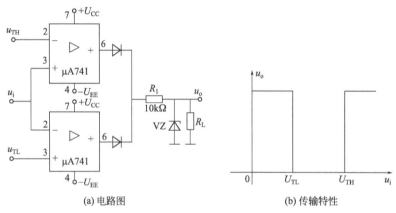

(a) 电路图   (b) 传输特性

图 3-5-4 窗口比较器

六、基础硬件实验

连线前，应关闭实验箱的电源开关，然后按照原理图连接集成运算放大器的外部元件，并确认接线准确无误。用导线将 ±12V 电源分别连接到集成运算放大器正负供电电源端，将 ±12V 电源的地线与实验电路板的地线相连。注意：集成运算放大器的正、负电源不能接反，不能将电源的输出端短路，否则会损坏集成运算放大器或实验箱的直流电源。

1. 过零比较器

① 按图 3-5-1(a) 接线。将同相输入端接地，u_i 悬空时，用数字万用表直流电压挡测试 u_o 电压。

② 输入信号为有效值 $U_i = 1.0V$、$f = 1000Hz$ 的正弦波，用双踪示波器同时观察 u_i 及 u_o 波形，并描绘下来，将数据记入表 3-5-1 中。

③ 改变 u_i 幅值，测量输入输出电压传输特性曲线。注意记录阈值电压。

过零比较器输入输出波形及电压传输特性曲线如图 3-5-5 所示。

表 3-5-1　过零比较器数据表

u_i 幅值	u_i、u_o 波形	u_i-u_o 电压传输特性曲线
1.0V		
0.5V		
2V		

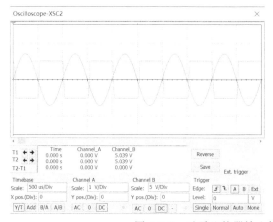 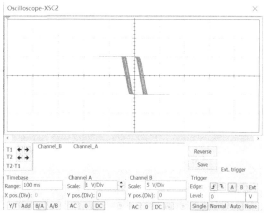

图 3-5-5　过零比较器输入输出波形及电压传输特性曲线

过零比较器

2. 反相滞回比较器

① 按图 3-5-2(a) 接线。VZ 为 1N4732。u_i 接直流电压源，调节输入电压 u_i 的值，用数字万用表直流电压挡测出 u_o 由 $+U_{om} \to -U_{om}$ 时的 u_i 临界值。

② 同上，测出 u_o 由 $-U_{om} \to +U_{om}$ 时的 u_i 临界值。

③ 输入信号有效值 $U_i = 1V$、$f = 1000Hz$ 的正弦波。用双踪示波器同时观察 u_i 及 u_o 波形。

④ 测量输入输出电压传输特性曲线。注意记录阈值电压。

⑤ 使 $R_F = 200k\Omega$，重复上述实验。实验数据记入表 3-5-2。

反相滞回比较器 $R_F = 100k\Omega$ 时输入输出波形及电压传输特性曲线如图 3-5-6 所示。

表 3-5-2　反相滞回比较器测量表

R_F	u_o 由 $+U_{om} \to -U_{om}$ 时 u_i 的临界值	u_o 由 $-U_{om} \to +U_{om}$ 时 u_i 的临界值	u_i、u_o 波形	u_i-u_o 电压传输特性曲线
$R_F = 100k\Omega$				
$R_F = 200k\Omega$				

3. 同相滞回比较器

① 按图 3-5-3(a) 接线，VZ 为 1N4732。u_i 接直流电源，调节输入电压 u_i 的值，用万用表直流电压挡测出 u_o 由 $+U_{om} \to -U_{om}$ 时的 u_i 临界值。

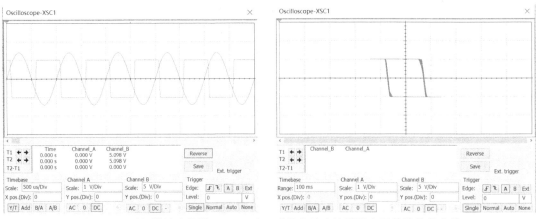

图 3-5-6　反相滞回比较器 $R_F = 100\text{k}\Omega$ 时输入输出波形及电压传输特性曲线

② 同上，测出 u_o 由 $-U_{om} \to +U_{om}$ 时的 u_i 临界值。

③ 输入信号 u_i 为有效值 $U_i = 1\text{V}$、$f = 1000\text{Hz}$ 的正弦波。用双踪示波器同时观察 u_i 及 u_o 波形。

④ 测量输入输出电压传输特性曲线，注意记录阈值电压。

⑤ 使 $R_F = 200\text{k}\Omega$，重复上述实验。实验数据记入表 3-5-3。

同相滞回比较器 $R_F = 100\text{k}\Omega$ 时输入输出波形及电压传输特性曲线如图 3-5-7 所示。

表 3-5-3　同相滞回比较器测量表

R_F	u_o 由 $+U_{om} \to -U_{om}$ 时 u_i 的临界值	u_o 由 $-U_{om} \to +U_{om}$ 时 u_i 的临界值	u_i、u_o 波形	u_i-u_o 电压传输特性曲线
$R_F = 100\text{k}\Omega$				
$R_F = 200\text{k}\Omega$				

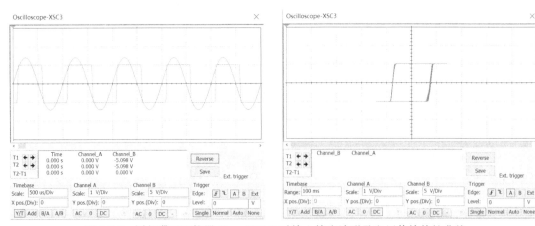

图 3-5-7　同相滞回比较器 $R_F = 100\text{k}\Omega$ 时输入输出波形及电压传输特性曲线

图 3-5-7　同相滞回比较器

七、注意事项

① 实验前需要做充分的准备：预习实验内容，写出预习报告。

② 放置集成块 μA741 时，应将它的半圆形缺口标志与集成块插座的半圆形缺口标志对齐。插、拔集成块应在断电状态下进行。

③ μA741 集成块的正、负电源与地线不能接反或者接错。

④ 在实验连线中、检查实验连线时以及实验结束后拆线时，均应切断实验箱的电源，在断电状态下操作。

⑤ 实验完毕，拆线时用力不要过猛，以防拔断导线，最好是轻轻地旋拔。做完实验后，收拾好实验设备与器材，经实验指导老师检查并签字后方可离开实验室。

实验六 | 正弦波振荡电路

一、实验目的

① 掌握利用集成运放构成正弦波振荡电路的组成及工作原理。

② 熟悉常用的集成运放产生电路的基本结构。

③ 学会正弦波产生电路的电路结构、参数设计、调试及性能指标的测试方法。

二、实验仪器与元器件

① 模拟实验箱。

② 数字双踪示波器。

③ 数字万用表。

④ 电阻、电容、二极管、电位器、导线若干。

⑤ 通用集成运放 μA741 或 LM324 或 AD620 或 AD705J。

三、预习要求

① 复习运放的有关知识，掌握利用运放产生正弦波电路的基本原理。

② 复习波形产生电路参数设计方法。

四、回答预习思考题

① RC 桥式正弦波振荡电路应满足的振幅条件是什么？

② RC 桥式正弦波振荡电路输出周期和输出幅值主要取决于哪些元件？

③ RC 桥式正弦波振荡电路中二极管起什么作用？

五、实验知识准备

模拟电路中需要各种信号，如正弦波、方波、三角波或锯齿波，作为测试信号或控制信号。这些测试信号通常通过信号发生器来获得。信号发生器一般分为正弦波发生器、非正弦波发生器以及任意波发生器等，广泛应用于仪器仪表、遥控、自动控制、热处理、无线电发射与接收等系统中，也是全国大学生电子设计竞赛的主要考点之一。

振荡器是自动地将直流能量转换为一定波形参数的交流振荡信号的装置，根据波形的不同可分为正弦波振荡器和非正弦波振荡器。

振荡器形式多种多样，如图 3-6-1 所示。

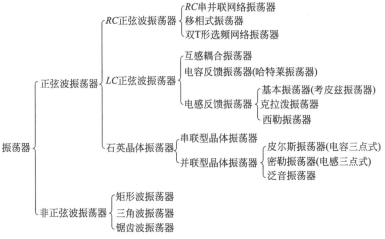

图 3-6-1　振荡器的分类

常用的 RC 桥式正弦波振荡电路如图 3-6-2 所示，包括 RC 串并联选频网络和同相放大电路。RC 参数决定了振荡频率，正弦波需要起振和稳定的工作，必须满足起振条件和平衡条件。

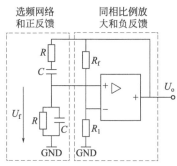

图 3-6-2　RC 桥式正弦波振荡电路

起振条件为：

$$|\dot{A}\dot{F}| > 1 \tag{3-6-1}$$

平衡条件为：

$$\dot{A}\dot{F} = 1$$

即

$$\begin{cases} |\dot{A}\dot{F}| = 1 \\ \angle \dot{A}\dot{F} = \varphi_A + \varphi_F = \pm 2n\pi, \ n = 0, \ 1, \ 2, \ \cdots \end{cases} \tag{3-6-2}$$

振荡频率：

$$f = \frac{1}{2\pi RC}\qquad\qquad (3\text{-}6\text{-}3)$$

对于一般振荡器而言，其幅度条件容易满足，关键是相位是否满足。相位的条件判断方法是利用瞬时极性法。

六、基础硬件实验

1. 基础实验设计任务与要求

设计一个频率可调 RC 桥式正弦波振荡电路，要求振荡频率 $f=1\text{kHz}$，振荡频率测量值与理论值相对误差小于 5％，输出波形幅值大于 1V，振荡波形对称，无明显非线性失真。

2. 实验设计与实验内容验证

（1）RC 选频网络参数的确定

由图 3-6-2 所示 RC 桥式正弦波振荡电路可知，输出正弦波频率由选频网络 RC 确定。

先固定 $C=0.1\mu\text{F}$。注意由于输入运放电容的影响，电容 C 的选择不宜过小，如 $C>1\text{nF}$ 以上。根据式（3-6-3），振荡频率 $f=1\text{kHz}$ 时：

$$R = 1.5\text{k}\Omega\qquad\qquad (3\text{-}6\text{-}4)$$

同时为了使输入 RC 选频网络的选频特性尽量不受集成运放输入电阻 R_i 和输出电阻 R_o 的影响，电阻 R 还应该满足：

$$R_\text{i} \gg R \gg R_\text{o}\qquad\qquad (3\text{-}6\text{-}5)$$

一般集成运放输入电阻 R_i 为几百千欧以上，输出电阻 R_o 为几百欧以下，常用集成运放 μA741 输出电阻为 75Ω，因此电阻 R 的阻值可为几千欧到几十千欧。

（2）同相比例放大电路参数的确定

根据 RC 桥式振荡电路的起振条件和平衡条件，图 3-6-2 中：

起振条件：

$$R_\text{f} > 2R_1$$

平衡条件：

$$R_\text{f} = 2R_1$$

固定电阻无法同时满足起振条件和平衡条件，因此图 3-6-2 需要进行改动，设计电路为图 3-6-3。

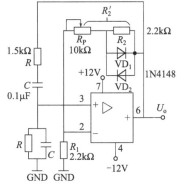

图 3-6-3 设计的 RC 桥式正弦波振荡电路

正弦波振荡电路

根据桥式正弦波振荡电路的起振条件，电阻 R_1 和 R'_2 应满足 $R'_2 > 2R_1$。通常取：

$$R'_2 = (2.1 \sim 2.5) R_1 \tag{3-6-6}$$

这样既能保证起振，也不致产生严重的波形失真。

此外，为了减少输入失调电流和漂移的影响，电路还应满足直流平衡条件，即：

$$R = R'_2 \ /\!/ \ R_1 \tag{3-6-7}$$

(3) 稳幅环节的确定

电路中稳幅环节由 2 个正反向并联的二极管 VD_1 和 VD_2 和电阻 R_2 并联组成，利用二极管的正向动态电阻的非线性实现稳幅；同时，为了减少因二极管特性的非线性引起的波形失真，在二极管两端并联小电阻 R_2，这是一种最简单易行的稳幅电路。

在选定稳幅元器件时，稳幅二极管 VD_1 和 VD_2 应选用特性一致的硅管，R_2 的取值不能过大（过大对削弱波形失真不利），也不能过小（过小稳幅效果差），通常 R_2 取 $2 \sim 8\text{k}\Omega$ 即可。最终确定二极管采用 1N4148。

设计要求中要求输出电压幅值为 U_{OPP}，根据集成运放线性应用虚断和虚断的特点，平衡条件满足时：

$$u_- = u_+ = u_p = \frac{1}{3} U_{\text{OPP}} \tag{3-6-8}$$

设流过电阻 R_1 的电流为 I_{R_1}，电流 I_{R_1} 与二极管特性以及负载电流大小有关，不宜太大和太小。确定了电流 I_{R_1} 后，电阻 R_1 的取值为：

$$R_1 = \frac{U_{\text{OPP}}}{3i_{R_1}} \tag{3-6-9}$$

综合考虑，电阻 R_2 和 R_1 的阻值为：

$$R_2 = R_1 = 2.2\text{k}\Omega \tag{3-6-10}$$

(4) 仿真验证

利用 Multisim 仿真得到正弦波输出电压波形，振荡频率为 1000Hz，幅值为 1.19V，如图 3-6-4 所示，满足设计要求。

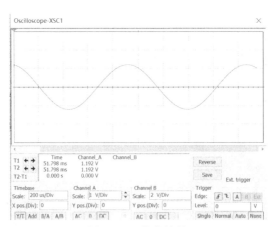

图 3-6-4 仿真结果

(5) 实验步骤和实验验证

① 按图 3-6-3 在实验箱上连接电路，确定无误后，接通电源。

② 用示波器观察有无正弦波电压输出，若无输出，调节 R_P 使 U_o 在示波器上出现无明

显失真的正弦波。

③ 利用示波器读取无失真的正弦波幅值及频率。

④ 利用李沙育比较法测量输出电压频率。

将信号发生器的输出 U_R 接到双踪示波器的 X 输入端，将正弦波振荡器的输出 U_o 接入双踪示波器的 Y 输入端，示波器时基模式改为 XY 模式。调节 U_R 的频率，当 U_R 与 U_o 的频率相同时，示波器显示一个完整的圆形，此时 U_R 的频率即为 U_o 的频率。

⑤ 测量 U_o 无明显失真时 R_P 的变化范围（起振时和最大不失真时）。

实验七 方波、三角波发生电路

一、实验目的

① 掌握利用集成运放构成三角波、方波发生电路的组成及工作原理。

② 熟悉常用的集成运放波形发生电路的基本结构。

③ 掌握方波和三角波发生电路的电路结构、参数设计、调试及性能指标的测试方法。

二、实验仪器与元器件

① 模拟实验箱。

② 数字双踪示波器。

③ 数字万用表。

④ 电阻、电容、二极管、稳压管、导线若干。

⑤ 通用集成运放 μA741 或 LM324。

三、预习要求

① 复习运放的有关知识，掌握利用运放产生方波、三角波电路的基本原理。

② 复习波形发生电路参数设计方法。

四、回答预习思考题

① 方波输出电压幅值主要取决于哪些元件？频率取决于哪些器件？

② 三角波输出电压幅值取决于哪些元件？频率取决于哪些器件？

五、实验知识准备

电压比较器是对输入信号进行鉴幅和比较的电路，是组成非正弦发生电路的基本单元电路，在测量和控制中有相当广泛的应用。在电压比较器基础上增加 RC 充放电电路构成图 3-7-1 所示的方波发生电路，由方波电路和积分电路组合形成图 3-7-2 所示的方波、三角波发生电路。

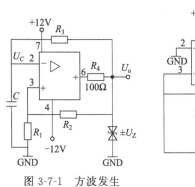

图 3-7-1　方波发生
电路

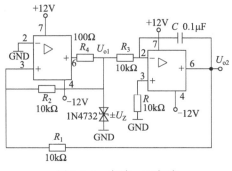

图 3-7-2　方波、三角波
发生电路

方波、三角波
发生电路

图 3-7-1 所示方波发生电路输出波形的周期：

$$T = 2R_3 C \ln\left(1 + 2\frac{R_1}{R_2}\right) \tag{3-7-1}$$

图 3-7-1 和图 3-7-2 所示方波的幅值：

$$U_o = U_{o1} = \pm U_z \tag{3-7-2}$$

图 3-7-2 所示三角波的幅值：

$$U_{o2} = \pm \frac{R_1}{R_2} U_z \tag{3-7-3}$$

图 3-7-2 所示方波和三角波的周期：

$$T = \frac{4R_1 R_3 C}{R_2} \tag{3-7-4}$$

方波、三角波发生电路中用到稳压二极管，常用的 1N 系列稳压二极管参数表如表 3-7-1 所示。

表 3-7-1　1N 系列常用稳压二极管参数表

型号	稳压值	正常稳压电流	最小稳定电流	正向导通电压	最大功耗
1N4728	3.3V	76mA	1mA	0.4V	1W
1N4729	3.6V	69mA	1mA	0.4V	1W
1N4730	3.9V	64mA	1mA	0.4V	1W
1N4731	4.3V	58mA	1mA	0.4V	1W
1N4732	4.7V	53mA	1mA	0.4V	1W
1N4733	5.1V	49mA	1mA	0.4V	1W

六、基础硬件实验

1. 基础实验设计任务与要求

设计一个方波-三角波发生器，方波-三角波的频率为 250Hz，三角波和方波的幅值均为 5V。

2. 实验设计与实验内容验证

(1) 参数选取

方波、三角波发生电路如图 3-7-2 所示。根据式 (3-7-2) 和式 (3-7-3)，方波和三角波幅值均为 5V，根据表 3-7-1 所示稳压二极管参数，选取 2 个 1N4732 构成图 3-7-2 中的双向稳压二极管。并令：

$$R_1 = R_2 = 10\text{k}\Omega \qquad\qquad (3\text{-}7\text{-}5)$$

根据式 (3-7-4)，令 $C = 0.1\mu\text{F}$，则：

$$R_3 = 10\text{k}\Omega \qquad\qquad (3\text{-}7\text{-}6)$$

R_4 为二极管稳压电路限流电阻，根据稳压二极管稳压电流范围，有：

$$R_4 = 100\Omega \qquad\qquad (3\text{-}7\text{-}7)$$

(2) 仿真验证

利用 Multisim 仿真得到方波、三角波输出电压波形，振荡频率为 250Hz，幅值为 5V，如图 3-7-3 所示，满足设计要求。

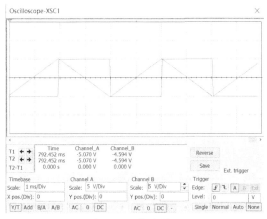

图 3-7-3 仿真结果

(3) 实验步骤和实验验证

① 按图 3-7-2 在实验箱上连接电路，确定无误后，接通电源。

② 用示波器观察输出 U_{o1}（方波）和 U_{o2}（三角波），利用示波器测出方波和三角波的频率及波形幅值。

实验八 | 直流电源特性研究

一、实验目的

① 熟悉直流电源（整流、滤波、稳压电路）的组成。

② 掌握利用稳压二极管和三端集成稳压器构成稳压电路的工作原理。

③ 掌握直流电源主要参数的测试方法。

二、实验仪器与元器件

① 模拟实验箱。
② 数字双踪示波器。
③ 数字万用表。
④ 稳压二极管 1N4732，三端稳压器 CW7815、CW7805。
⑤ 电阻、电容、导线若干。

三、预习要求

① 掌握三端稳压器 CW7815、CW7805 引脚排布及有关知识。
② 掌握半波整流和桥式整流的输出波形的区别。
③ 掌握直流电源中滤波电路滤波电容的作用。
④ 掌握稳压电路的稳压系数（S_r）和输出电阻（r_o）的定义及测试方法。

四、回答预习思考题

① 半波整流和桥式整流输出电压值。
② 滤波电容选取规则。
③ 稳压系数和输出电阻的测量方法。

五、实验知识准备

在电子电路和电子设备中，一般需要稳定的直流电源供电。将频率为 50Hz、有效值为 220V 的交流电压转换为幅值稳定、输出电流为几十安以下的直流电压。

单相交流电压经过电源变压器、整流电路、滤波电路和稳压电路转换为稳定的直流电压，其方框图和输出波形如图 3-8-1 所示。

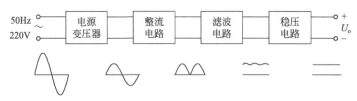

图 3-8-1　直流稳压电源的方框图

直流电压需要通过电源变压器将 220V 交流市电进行降压处理，然后通过半波或者全波整流电路将交流市电电压转换为单一脉动的直流电压。含有较大交流分量的整流电压会影响负载电路的正常工作，为了减少电压的脉动，需要通过滤波电路滤掉整流脉动电压中交流分量，使输出电压平滑。当市电电压或者负载变化时，通过稳压电路使得输出直流电压不受市电和负载的影响，获得足够高稳定的直流输出电压。

三端集成稳压器具有体积小、稳定性高、使用简便、价格低廉等优点，广泛应用在稳压电路中，其分类见表 3-8-1，可调式三端集成稳压器的稳定性能优于固定式的。

表 3-8-1 三端集成稳压器分类

类型	特点	国产系列或型号	最大输出电流/A	输出电压/V
三端固定式	正压输出	CW78L××	0.1	5,6,7,8,9,10,12,15,18,24
		CW78N××	0.3	
		CW78M××	0.5	
		CW78××	1.5	
		78DL××	0.25	5,6,8,9,10,12,15
		CW78T××	3	5,12,18,24
		CW78H××	5	5,12,24
		78P05	10	5
	负压输出	CW79L××	0.1	$-5,-6,-8,-9,-12,$ $-15,-18,-24$
		CW79N××	0.3	
		CW79M××	0.5	
		CW79××	1.5	
三端可调式	正压输出	CW117L/217L/317L	0.1	1.2～37
		CW117M/217M/317M	0.5	1.2～37
		CW117/217/317	1.5	1.2～37
		CW117HV/217HV/317HV	1.5	1.2～57
		W150/250/360	3	1.2～33
		W138/238/338	5	1.2～32
		W196/296/396	10	1.25～15
	负压输出	CW137L/237L/337L	0.1	$-1.2～-37$
		CW137M/237M/337M	0.5	$-1.2～-37$
		CW137/237/337	1.5	$-1.2～-37$

从表 3-8-1 中可看出：三端固定式集成稳压器型号最后两位数表示输出电压值，输出电压值有 5V、6V、9V、12V、15V、18V 和 24V 等，型号中间一位英文字母表示输出电流，L 表示 0.1A，N 表示 0.3A，M 表示 0.5A，无字母为 1.5A，如 CW78L05 表示输出电压为 +5V 的三端集成稳压器，且输出电流为 0.1A；三端可调式集成稳压器输出电压可调，电流表示方法同三端固定式集成稳压器标识方法。

三端集成稳压器封装有 3 个引脚，常用三端集成稳压器 CW7805 及其引脚见图 3-8-2。CW78××× 系列集成稳压器的三端引脚：1 脚接输入端，3 脚接地，2 脚接输出端。CW79××× 系列集成稳压器的三端引脚：1 脚接地，2 脚接输出端，3 脚接输入端。

参数计算如下。

整流电路和滤波电路如图 3-8-3 和图 3-8-4 所示。

1. 输出的平均值 $U_{o(AV)}$

$U_{o(AV)}$ 即整流或整流滤波输出电压中的直流分量。

图 3-8-2 CW7805 及其引脚

测量值：用万用表的直流电压挡测得。

理论计算值：

① 半波整流电阻负载：

$$U_{o(AV)} = 0.45U_2$$

② 全波整流电阻负载：

$$U_{o(AV)} = 0.9U_2$$

③ 全波整流电容滤波：

$$U_{o(AV)} = \sqrt{2}U_2\left(1 - \frac{T}{4R_L C}\right) \tag{3-8-1}$$

当满足 $R_L C = (3\sim5)\dfrac{T}{2}$ 时（50Hz 市电 $T \approx 20\text{ms}$）：

$$U_{o(AV)} \approx 1.2U_2 \tag{3-8-2}$$

2. 纹波系数（S）

测量计算值：

$$S = \frac{U_{o1M}}{U_{o(AV)}} \tag{3-8-3}$$

式中，U_{o1M} 为整流输出电压中交流分量的基波峰值，约等于交流分量有效值的 1.414 倍；$U_{o(AV)}$ 为直流电压值，用万用表直流电压挡测得。

理论计算值：

① 无电容滤波时，S 为常数；半波整流时，$S = 1.57$；全波整流时，$S = 0.667$。

② 全波整流、电容滤波的纹波系数：$S = \dfrac{1}{\dfrac{4R_L C}{T} - 1} \approx \dfrac{1}{5 \sim 9}$。实际值可能略小一些。

3. 稳压系数（S_r）和电源内阻（r_o）

理论计算值：稳压系数和电源内阻的理论计算，需要根据具体电路结构来分析，所以没有统一的理论计算公式，一般是用实验的方法进行实测。

测量计算值：

$$S_r = \frac{\Delta U_o}{\Delta U_i} \times \frac{U_i}{U_o}\Big|_{R_L = 常数} \tag{3-8-4}$$

式中 U_i——整流滤波后、稳压之前的额定直流电压，在本实验板上是 U_i；

U_o——稳压器的额定输出电压，在本实验板上是 U_o；

ΔU_i——输入电压的变化量，例如当 U_2 变化时，U_i 从 10V 降低到 8V，则 $\Delta U_i = 10\text{V} - 8\text{V} = 2\text{V}$；

ΔU_o——当 U_i 改变时，引起 U_o 的变化量。在本实验板上是 U_o 的变化量。

$$r_o = \frac{\Delta U_o}{\Delta I_o}\Big|_{U_i = 常数} \tag{3-8-5}$$

式中，ΔU_o、ΔI_o 是由 R_L 改变引起的 U_o、I_o 变化量。

六、基础硬件实验

实验内容与步骤如下。

1. 全波整流电路

按图 3-8-3(a) 连接好全波整流电路,在负载电阻 240Ω 和 120Ω 两种情况下,分别利用示波器测出输出电压 U_2 和 U_o 的交流有效值,利用数字万用表测出 U_o 直流量,并利用测量值计算出纹波系数 S,将测得的数据填入表 3-8-2 中。

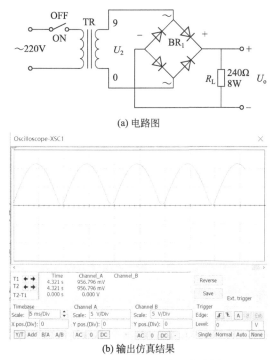

(a) 电路图

(b) 输出仿真结果

图 3-8-3 全波整流电路及仿真图

表 3-8-2 全波整流电路测量数据表

整流滤波方式	U_2/V	U_o/V		纹波系数(S)	输出 U_o 波形	测试条件
	交流	直流	交流			
全波整流,无滤波						$R_L = 240Ω$
						$R_L = 120Ω$

2. 全波整流电容滤波电路

按图 3-8-4(a) 连接好全波整流电容滤波电路,在负载电阻 240Ω 和 ∞ 两种情况下,分别利用示波器测出输出电压 U_2 和 U_o 的交流有效值,利用数字万用表测出 U_o 直流量,并利用测量值计算出纹波系数 S,将测得的数据填入表 3-8-3 中。

表 3-8-3 全波整流电容滤波电路测量数据表

整流滤波方式	U_2/V	U_o/V		纹波系数(S)	输出 U_o 波形	测试条件
	交流	直流	交流			
全波整流,电容滤波						$R_L = 240Ω$
						$R_L = ∞$

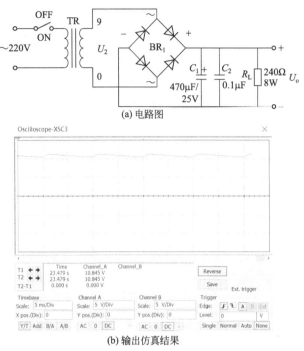

(a) 电路图

(b) 输出仿真结果

图 3-8-4 全波整流滤波电路

3. 二极管稳压电路

按图 3-8-5(a) 连接好二极管稳压电路，在负载电阻 240Ω 和 ∞ 两种情况下，分别利用示波器测出输出电压 U_2、U_i、U_o 的交流有效值，利用数字万用表测出 U_i 和 U_o 直流量，并利用测量值计算出纹波系数 S 和输出电阻 r_o，将测得的数据填入表 3-8-4 中。

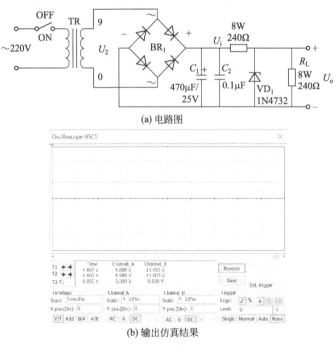

(a) 电路图

(b) 输出仿真结果

图 3-8-5 二极管稳压电路

表 3-8-4 二极管稳压电路测量数据表

电路	U_2/V	U_i/V		U_o/V		计算结果	输出 U_o 波形	测试条件
	交流	直流	交流	直流	交流	输出电阻 r_o		
二极管稳压电路								$R_L=240\Omega$
								$R_L=\infty$

4. 三端稳压器稳压电路

按图 3-8-6(a) 连接好三端稳压电路，在负载电阻 240Ω 和∞两种情况下，分别利用示波器测出输出电压 U_2、U_i、U_o 的交流有效值，利用数字万用表测出 U_i 和 U_o 直流量，并利用测量值计算出纹波系数 S 和输出电阻 r_o，将测得的数据填入表 3-8-5 中。

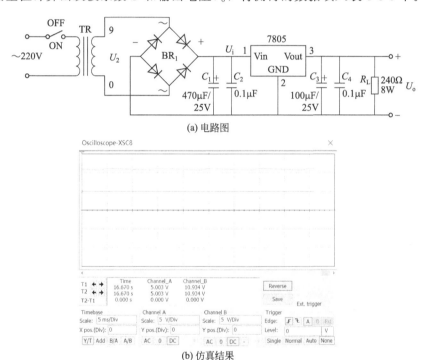

(a) 电路图

(b) 仿真结果

图 3-8-6 三端稳压电路

直流电源

表 3-8-5 三端稳压电路测量数据表

电路	U_2/V	U_i/V		U_o/V		计算结果	输出 U_o 波形	测试条件
	交流	直流	交流	直流	交流	输出电阻 r_o		
三端稳压								$R_L=240\Omega$
								$R_L=\infty$

第四章
数字电子技术实验

实验一 | 门电路逻辑功能测试及组合逻辑电路设计

一、实验目的

① 掌握门电路符号、引脚排列及其使用方法。

② 掌握门电路逻辑功能测试方法。

③ 学会分析组合逻辑电路功能的方法。

④ 掌握使用门电路设计组合逻辑电路的方法。

二、实验仪器与元器件

① 数电实验箱。

② 数字万用表。

③ TTL 门电路 74LS08、74LS00、74LS86、74LS04。

三、预习要求

① 查 TTL 门电路逻辑符号及引脚排列。

② 复习利用门电路设计组合电路的方法。

四、回答预习思考题

① 写出利用门电路组成的组合电路分析步骤。

② 写出组合电路的设计步骤。

③利用简单门电路设计一个带借位的一位全减器。

五、实验知识准备

1. TTL 门电路

TTL 集成电路由于工作速度较快、输出幅度较大、种类多、不易损坏等特点而使用较广，特别对学生进行实验论证，选用 TTL 电路比较合适。因此，本书大多采用 74LS 系列

TTL 集成电路。它的工作电源电压为 5V± 0.5V，逻辑高电平 1 时大于等于 2V(即高电平的下限值。空载时一般为 3.6V 以上)，低电平 0 时小于等于 0.8V(即低电平的上限值。空载时一般为 0.2V 以下)。

实验中用到的 74LS08 为 2 输入端四"与门"，74LS32 为 2 输入端四"或门"，74LS00 为 2 输入端四"与非门"，74LS20 为 4 输入端二"与非门"，74LS86 为 2 输入端四"异或门"。

TTL 集成门电路外引脚分别对应逻辑符号图中的输入、输出端。电源和地一般为集成块的两端，如 14 脚集成电路，则 7 脚为电源地 （GND），14 脚为电源正 （U_{CC}），其余引脚为输入和输出，如图 4-1-1 所示。

引脚的识别方法是：将集成块正对准使用者，以凹口左边或小标志点"·"为起始脚 1，逆时针方向向前数 1，2，3，…，n 脚。使用时，查找 IC 手册即可知各引脚功能。

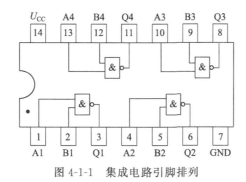

图 4-1-1 集成电路引脚排列

2. 组合逻辑电路的分析

组合逻辑电路的分析是根据已给出的逻辑电路确定逻辑电路所实现的功能。其步骤包括：
① 根据给定的逻辑图从输入到输出逐级写出输出的逻辑表达式。
② 用公式法将逻辑函数整理成与或表达式。
③ 列出函数的真值表。
④ 根据函数真值表确定电路所实现的逻辑功能。

3. 组合逻辑电路的设计

组合逻辑电路的设计是根据给定的逻辑功能要求，利用所学门电路设计出符合要求的逻辑电路。设计步骤如图 4-1-2 所示。

图 4-1-2 组合逻辑电路框图

六、基础硬件实验

1. 基础实验设计任务与要求

① 利用简单门电路设计一个带进位的一位全加器。
② 利用与非门设计三人表决电路（A、B、C）。每人面前有一个按键，如果同意则按下，不同意则不按。结果用指示灯表示，多数同意时指示灯亮，否则不亮。

③ 利用简单门电路设计一个带借位的一位全减器。

2. 实验设计与实验内容验证

(1) 门电路逻辑功能测试

将 74LS00 按照凹槽对凹槽的方式插入实验箱集成空插座上，再接上电源正极（+5V），按图 4-1-3 所示 TTL 门电路实验接线图将输入端接逻辑开关，输出端接输出逻辑指示灯。

利用逻辑开关和逻辑状态指示灯验证门电路逻辑功能并测试。

按状态表 4-1-1 所示，输入 A、B（0、1）信号，观察输出结果（看 LED 发光二极管，如灯亮为 1，灯灭为 0）并填入表 4-1-1 中，然后用数字万用表直流电压挡测 0、1 的电平值。

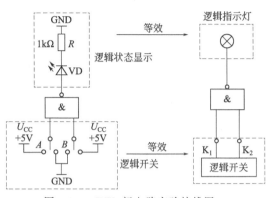

图 4-1-3　TTL 门电路实验接线图

表 4-1-1　门电路逻辑功能表

输入		输出	
$B(K_2)$	$A(K_1)$	与非门 $Q = \overline{AB}$	异或门 $Q = A \oplus B$
0	0		
0	1		
1	0		
1	1		
门电路的型号			

(2) 全加器

① 逻辑假设：假设一个加数为 A，另一个加数为 B，低位来的进位为 C_i，相加得到的和为 S，向高位产生的进位为 C_{i+1}。

② 列真值表：如表 4-1-2 所示。

表 4-1-2　全加器真值表

A	B	C_i	S	C_{i+1}
0	0	0	0	0
0	0	1	1	0
0	1	0	1	0
0	1	1	0	1
1	0	0	1	0
1	0	1	0	1
1	1	0	0	1
1	1	1	1	1

③ 写逻辑函数：

$$\begin{cases} S = A \oplus B \oplus C_i \\ C_{i+1} = (A \oplus B)C_i + AB \end{cases} \tag{4-1-1}$$

④ 逻辑电路图：如图 4-1-4 所示。

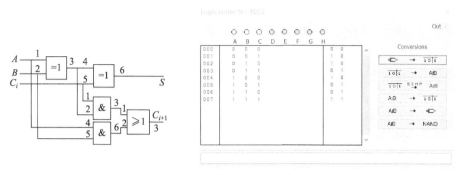

图 4-1-4 全加器及仿真结果

按照图 4-1-4 连接电路，输入端接入逻辑开关，输出接逻辑状态显示，验证表 4-1-2 所示功能表。

(3) 三人表决器

① 逻辑假设：确定输入变量和输出变量。

三个按键 A、B、C 为输入变量，按下时为"1"，不按时为"0"。输出量为 F，多数赞成时是"1"，否则是"0"，用指示灯表示。

② 列真值表：如表 4-1-3 所示。

表 4-1-3 三人表决器真值表

A	B	C	F
0	0	0	0
0	0	1	0
0	1	0	0
0	1	1	1
1	0	0	0
1	0	1	1
1	1	0	1
1	1	1	1

③ 写逻辑函数：

$$F = \overline{A}BC + A\overline{B}C + AB\overline{C} + ABC \tag{4-1-2}$$

将表达式整理成与非-与非逻辑：

$$F = AB + BC + CA = \overline{\overline{AB}\ \overline{BC}\ \overline{CA}} \tag{4-1-3}$$

④ 逻辑电路：如图 4-1-5 所示。

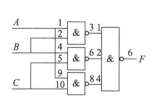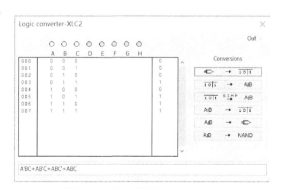

图 4-1-5 三人表决器电路及仿真结果

按照图 4-1-5 连接电路，输入端接入逻辑开关，输出接逻辑状态显示，验证表 4-1-3 所示功能表。

（4）全减器

① 逻辑假设：假设被减数为 A，减数为 B，向高位的借位为 C_i，相减得到的差为 S，向高位产生的借位为 C_{i+1}。

② 列真值表：如表 4-1-4 所示。

表 4-1-4　全减器真值表

A	B	C_i	S	C_{i+1}
0	0	0	0	0
0	0	1	1	1
0	1	0	1	1
0	1	1	0	1
1	0	0	1	0
1	0	1	0	0
1	1	0	0	0
1	1	1	1	1

③ 写逻辑函数：

$$\begin{cases} S = A \oplus B \oplus C_i \\ C_{i+1} = \overline{\overline{(B \oplus C_i)A} \ \overline{BC_i}} \end{cases} \tag{4-1-4}$$

④ 逻辑电路图：如图 4-1-6 所示。

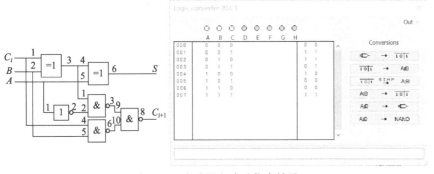

门电路构
成组合逻辑电路

图 4-1-6　全减器电路及仿真结果

按照图 4-1-6 连接电路，输入端接入逻辑开关，输出接逻辑状态显示，验证表 4-1-4 所示功能表。

实验二　编码器、显示译码器和数码管

一、实验目的

① 了解编码器、译码器及显示器的工作原理。

② 掌握编码器、七段显示译码器及数码管的使用及测试方法。

③ 学会使用编码器 74LS148 及七段显示译码器 74LS47、数码管组成编码-译码显示系统。

二、实验仪器与元器件

① 数电实验箱。

② 数字万用表。

③ 集成芯片 74LS148（CD4511）、74LS04、74LS47、74LS00、共阳极与共阴极数码管。

三、预习要求

① 阅读"实验知识准备"关于编码器、显示译码器及数码管的介绍。

② 了解 74LS148（CD4511）、74LS47 的功能及使用方法。

③ 掌握编码-译码显示系统的组成原理。

四、回答预习思考题

① 什么是优先编码器？它与普通编码器有什么区别？

② 显示译码器 74LS47 输出的有效驱动电平为高电平还是低电平？

③ 显示译码器 74LS47 能译码显示 9 以后的数字吗？为什么？

④ 如何测试一个数码管的好坏？

五、实验知识准备

1. 编码器

编码器是一种常用的组合逻辑电路，编码器的逻辑功能就是将输入的每一个高低电平信号编成一个对应的二进制代码。按照所需编码的不同特点和要求，编码器主要分成两类：普通编码器和优先编码器。在普通编码器中，任何时刻只允许输入一个编码信号，否则输出将发生混乱。为解决这一问题，需采用优先编码器。在优先编码器中允许同时输入两个以上的编码信号，不过在设计优先编码器时，已将所有的输入信号按优先级排了队，当几个输入信号同时出现时，只对其中优先权最高的一个进行编码。

74LS148 是 8 线-3 线集成二进制优先编码器。其逻辑图、引脚图和实物图如图 4-2-1 所示。表 4-2-1 为 74LS148 的功能表。

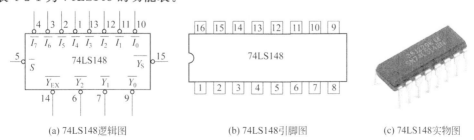

(a) 74LS148逻辑图　　　　(b) 74LS148引脚图　　　　(c) 74LS148实物图

图 4-2-1　74LS148 的逻辑图、引脚图、实物图

表 4-2-1　74LS148 的功能表

输　入									输　出				
$\overline{S}$	$\overline{I_0}$	$\overline{I_1}$	$\overline{I_2}$	$\overline{I_3}$	$\overline{I_4}$	$\overline{I_5}$	$\overline{I_6}$	$\overline{I_7}$	$\overline{Y_0}$	$\overline{Y_1}$	$\overline{Y_2}$	$\overline{Y_S}$	$\overline{Y_{EX}}$
1	×	×	×	×	×	×	×	×	1	1	1	1	1
0	1	1	1	1	1	1	1	1	1	1	1	0	1
0	×	×	×	×	×	×	×	0	0	0	0	1	0
0	×	×	×	×	×	×	0	1	0	0	1	1	0
0	×	×	×	×	×	0	1	1	0	1	0	1	0
0	×	×	×	×	0	1	1	1	0	1	1	1	0
0	×	×	×	0	1	1	1	1	1	0	0	1	0
0	×	×	0	1	1	1	1	1	1	0	1	1	0
0	×	0	1	1	1	1	1	1	1	1	0	1	0
0	0	1	1	1	1	1	1	1	1	1	1	1	0

2. 显示译码器

译码器是一个多输入、多输出的组合逻辑电路。它的作用是对给定的代码进行"翻译"，变成相应的状态，使输出通道中相应的一路有信号输出。译码器在数字系统中有广泛的用途，不仅用于代码的转换、终端的数字显示，还用于数据分配、存储器寻址和组合控制信号等。不同的功能可选用不同种类的译码器。

译码器可分为变量译码器和显示译码器两大类。显示译码电路分为两部分：显示译码器和显示器（数码管）。

（1）LED 七段显示器（数码管）

为了能以十进制数码直观地显示数字系统的运行数据，目前广泛使用了 7 段字符显示器，或称为七段显示器。LED 七段显示器是电信号转换成为光信号的固体显示器件，其工作电流一般为七段 10～15mA。这种字符显示器由 7 段可发光的线段拼合而成。常见的字符显示器有半导体数码管和液晶显示器两种。在有些型号的数码管中，还在右下角处增设了一个小数点，形成了所谓的 8 段数码管。半导体数码管工作电压低、体积小、寿命长、可靠性高，并且亮度也比较高，在实际中得到了广泛应用。

半导体数码管分为共阴极和共阳极两种类型。它们的二极管连接方式和实物图、引脚排列图如图 4-2-2 和图 4-2-3 所示。两种类型的数码管工作原理相同，只是工作时的电压不同。

从图 4-2-2 中可以看出，对于共阳极的显示器，当输入低电平时发光二极管发光；对于共阴极的显示器，当输入高电平时发光二极管发光。与之相对应，译码器的输出也分为低电平有效和高电平有效两种。

例如：常见的显示译码器 74LS46、74LS47 为低电平有效，可用于驱动共阳极的 LED 显示器；常见的显示译码器 74LS48、74LS49 为高电平有效，可用于驱动共阴极的 LED 显示器。LED 显示器带有的小数点一般用 DP 表示。

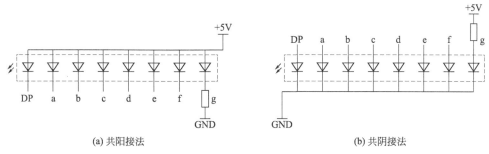

(a) 共阳接法　　　　　　　　　　　　　　　　(b) 共阴接法

图 4-2-2　LED 数码管连接方式

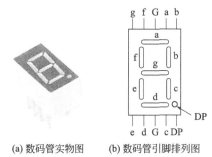

(a) 数码管实物图　　　　(b) 数码管引脚排列图

图 4-2-3　LED 数码管实物图、引脚排列图

（2）七段显示译码器

显示译码器主要用于驱动各种显示器件，如 LED、LCD 等，从而将二进制代码表示的数字、文字、符号"翻译"成人们习惯的形式，直观地显示出来。

目前用于显示电路的中规模译码器种类很多，其中用得较多的是七段显示译码器。它的输入是 8421BCD 码，输出是由 a、b、c、d、e、f、g 构成的一种代码，我们称之为七段显示译码。根据字形的需要，确定 a、b、c、d、e、f、g 各段应加什么电平，就得到两种代码对应的编码表。

值得注意的是，有的显示译码器内部电路的输出极有集电极电阻，如 74LS48，它在使用时直接接显示器。而有的译码器为集电极开路（OC）输出结构，如 74LS47、74LS49，它们在工作时必须外接集电极电阻，不过可通过调整电阻来调节显示器的亮度。

74LS47 是一个用于驱动共阳极 LED 显示器的 BCD-七段显示译码器，其逻辑图、引脚图和实物图如图 4-2-4 所示，逻辑功能表如表 4-2-2 所示。

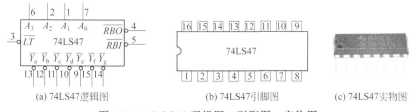

(a) 74LS47逻辑图　　　　　(b) 74LS47引脚图　　　　　(c) 74LS47实物图

图 4-2-4　74LS47 逻辑图、引脚图、实物图

根据功能表 4-2-2 可以看出：

$A_3A_2A_1A_0$ 为 8421BCD 码输入端。$Y_aY_bY_cY_dY_eY_fY_g$ 为译码输出端，输出为低电平

有效。

当 $\overline{LT}=0$ 且 $\overline{BI}=1$ 时，无论输入信号 $A_3A_2A_1A_0$ 状态如何，$Y_aY_bY_cY_dY_eY_fY_g$ 全部为低电平，接共阳数码管时七段均发亮，显示"8"。可用灯测试输入 $\overline{LT}$ 端来检查数码管的七段能否正常发光。

当 $\overline{BI}=0$ 时，$\overline{BI}/\overline{RBO}$（它与灭零输出端 $\overline{RBO}$ 复用一个引出端）作为消隐输入端使用，无论输入信号 $A_3A_2A_1A_0$ 状态如何，$Y_aY_bY_cY_dY_eY_fY_g$ 全部为1，共阳数码管七段均熄灭。

$\overline{LT}=1$ 且 $\overline{BI}=1$ 时，若 $\overline{RBI}=1$，无论输入信号 $A_3A_2A_1A_0$ 状态如何，数码管正常显示，且 $\overline{RBO}$ 输出为1。

$\overline{LT}=1$ 若 $\overline{RBI}=0$，$\overline{BI}/\overline{RBO}$ 用作输出端，如果输入数码 $A_3A_2A_1A_0=0000$，则输出 $Y_a\sim Y_g$ 全部为1，数码管七段处于熄灭状态，不显示数字0，并且灭零输出 $\overline{RBO}$ 为0。输入数码 $A_3A_2A_1A_0\neq0000$ 时，数码管正常显示，且 $\overline{RBO}$ 输出为1。

表 4-2-2　74LS47 逻辑功能表

$\overline{LT}$	$\overline{RBI}$	$\overline{BI}/\overline{RBO}$	$A_3\,A_2\,A_1\,A_0$	$Y_aY_bY_cY_dY_eY_fY_g$	说明
0	×	1	× × × ×	0 0 0 0 0 0 0	试灯
×	×	0	× × × ×	1 1 1 1 1 1 1	熄灭
1	0	0	0 0 0 0	1 1 1 1 1 1 1	灭零
1	1	1	0 0 0 0	0 0 0 0 0 0 1	◻
1	×	1	0 0 0 1	1 0 0 1 1 1 1	Ⅰ
1	×	1	0 0 1 0	0 0 1 0 0 1 0	己
1	×	1	0 0 1 1	0 0 0 0 1 1 0	∃
1	×	1	0 1 0 0	1 0 0 1 1 0 0	Ч
1	×	1	0 1 0 1	0 1 0 0 1 0 0	5
1	×	1	0 1 1 0	1 1 0 0 0 0 0	b
1	×	1	0 1 1 1	0 0 0 1 1 1 1	٦
1	×	1	1 0 0 0	0 0 0 0 0 0 0	日
1	×	1	1 0 0 1	0 0 0 1 1 0 0	립
1	×	1	1 0 1 0	1 1 1 0 0 1 0	⊏
1	×	1	1 0 1 1	1 1 0 0 1 1 0	⊐
1	×	1	1 1 0 0	1 0 1 1 1 0 0	⊔
1	×	1	1 1 0 1	0 1 1 0 1 0 0	⊑
1	×	1	1 1 1 0	1 1 1 0 0 0 0	⊨
1	×	1	1 1 1 1	1 1 1 1 1 1 1	

六、基础硬件实验

① 利用所给器件，实现图 4-2-5 所示的编码-译码显示系统（参考电路如图 4-2-6 所示）。按表 4-2-3 所给不同输入组合情况，观测编码器的输出及译码器显示输出结果并填入表中。

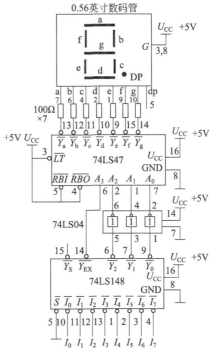

图 4-2-6 编码-译码显示系统电路图

编码器、显示译码器和数码管

图 4-2-5 编码-译码显示系统

表 4-2-3 编码输出与译码输出测试

编码输入									输出				译码输出
									编码输出			$\overline{Y_S}$	$\overline{Y_{EX}}$	字形
$\overline{S}$	$\overline{I_0}$	$\overline{I_1}$	$\overline{I_2}$	$\overline{I_3}$	$\overline{I_4}$	$\overline{I_5}$	$\overline{I_6}$	$\overline{I_7}$	A_2	A_1	A_0			
1	1	1	1	1	1	1	1	1						
0	1	1	1	1	1	1	1	1						
0	0	0	0	0	0	0	0	0						
0	0	1	0	0	1	0	0	1						
0	1	0	1	0	1	0	1	1						
0	0	0	1	0	0	1	1	1						
0	1	0	1	0	1	1	1	1						
0	1	0	0	1	1	1	1	1						
0	0	1	1	1	1	1	1	1						
0	0	1	1	1	1	1	1	1						

② 利用两片 74LS148 扩展成 16 线/4 线优先编码器，并满足优先编码器高位优先的原则，电路如图 4-2-7 所示。

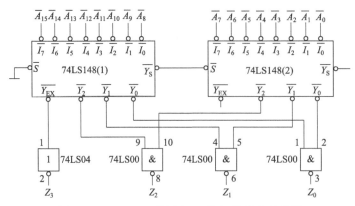

图 4-2-7　74LS148 扩展为 16 线/4 线优先编码器

编码器扩展

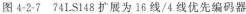

实验三 | 译码器和数据选择器的应用

一、实验目的

① 掌握中规模集成译码器的逻辑功能和使用方法。
② 掌握中规模集成数据选择器的逻辑功能和使用方法。
③ 掌握使用中规模集成译码器、数据选择器设计组合逻辑电路的方法。

二、实验仪器与元器件

① 数电实验箱。
② 数字万用表。
③ 中规模集成电路 74LS138、74LS151。

三、预习要求

① 通过网址"www.datasheet5.com"查阅中规模集成电路 74LS138、74LS151 的引线排列。
② 复习利用中规模集成电路 74LS138、74LS151 设计组合电路的方法。

四、回答预习思考题

① 写出利用中规模集成电路 74LS138、74LS151 组成组合电路的分析步骤。
② 写出组合电路的设计步骤。
③ 利用中规模集成电路 74LS138 设计一个带借位的一位全减器。

五、实验知识准备

1. 中规模集成译码器

译码器包括变量译码器和显示译码器。其中显示译码器在本章实验二中已经做了介绍。本节中，我们主要讨论变量译码器。

变量译码器（又称二进制译码器）用以表示输入变量的状态，如 2 线-4 线、3 线-8 线和 4 线-16 线译码器。若有 n 个输入变量，则有 2^n 个不同的组合状态，就有 2^n 个输出端供其使用，而每一个输出所代表的函数对应于 n 个输入变量的最小项。

以 3 线-8 线译码器 74LS138 为例进行分析，图 4-3-1 为其逻辑图、引脚图、实物图。其中 A_2、A_1、A_0 为地址输入端，$\overline{Y_0} \sim \overline{Y_7}$ 为译码输出端，S_1、$\overline{S_2}$、$\overline{S_3}$ 为使能端。

(a) 74LS138逻辑图

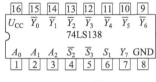
(b) 74LS138引脚图

(c) 74LS138实物图

图 4-3-1　74LS138 逻辑图、引脚图、实物图

表 4-3-1 为 74LS138 功能表。

当 $S_1=1$、$\overline{S_2}+\overline{S_3}=0$ 时，器件使能，地址码所指定的输出端有信号（为 0）输出，其它所有输出端均无信号（全为 1）输出。当 $S_1=0$、$\overline{S_2}+\overline{S_3}=\times$ 时，或 $S_1=\times$、$\overline{S_2}+\overline{S_3}=1$ 时，译码器被禁止，所有输出同时为 1。

表 4-3-1　74LS138 功能表

输　　入		输　　出									
S_1	$\overline{S_2}+\overline{S_3}$	A_2　A_1　A_0	$\overline{Y_0}$	$\overline{Y_1}$	$\overline{Y_2}$	$\overline{Y_3}$	$\overline{Y_4}$	$\overline{Y_5}$	$\overline{Y_6}$	$\overline{Y_7}$	
$\times$	1	$\times$　$\times$　$\times$	1	1	1	1	1	1	1	1	
0	$\times$	$\times$　$\times$　$\times$	1	1	1	1	1	1	1	1	
1	0	0　0　0	0	1	1	1	1	1	1	1	
1	0	0　0　1	1	0	1	1	1	1	1	1	
1	0	0　1　0	1	1	0	1	1	1	1	1	
1	0	0　1　1	1	1	1	0	1	1	1	1	
1	0	1　0　0	1	1	1	1	0	1	1	1	
1	0	1　0　1	1	1	1	1	1	0	1	1	
1	0	1　1　0	1	1	1	1	1	1	0	1	
1	0	1　1　1	1	1	1	1	1	1	1	0	

二进制译码器实际上也是负脉冲输出的脉冲分配器。若利用使能端中的一个输入端输入数据信息，器件就成为一个数据分配器（又称多路分配器），如图 4-3-2 所示。若在 S_1 输入端输入数据信息，$\overline{S_2}=\overline{S_3}=0$，地址码所对应的输出是 S_1 数据信息的反码；若从 $\overline{S_2}$ 端输入数据信息，令 $S_1=1$、$\overline{S_3}=0$，地址码所对应的输出就是 $\overline{S_2}$ 端数据信息的原码。若数据信息是时钟脉冲，则数据分配器便成为时钟脉冲分配器。

根据输入地址的不同组合译出唯一地址，故可用作地址译码器。接成多路分配器，可将一个信号源的数据信息传输到不同的地点。

二进制译码器还能方便地实现逻辑函数。由于 n 位二进制译码器可以给出 n 变量的全部最小项，而任意函数都可以写成最小项之和的标准形式，即将 n 位二进制译码器输出的最小项合起来，可获得任何形式的输出变量不大于 n 的组合逻辑函数。

2. 中规模集成数据选择器

数据选择器是指通过选择，把多个通道的数据传送到唯一的公共数据通道上去。实现数据选择功能的逻辑电路称为数据选择器。数据选择器的特点是仅有 1 个输出端，而输入部分有地址输入端和数据输入端两部分。它相当于一个多输入的单刀多掷开关，如图 4-3-3 所示。图中有 4 路数据输入 $D_0 \sim D_3$，通过选择控制信号 A_1、A_0（地址码），从四路数据中选中一路数据送至数据输出端。

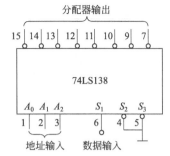

图 4-3-2　74LS138 作为数据分配器

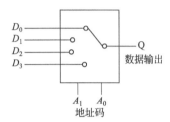

图 4-3-3　选 1 数据选择器示意图

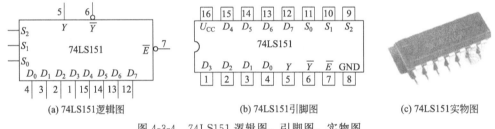

(a) 74LS151逻辑图　　(b) 74LS151引脚图　　(c) 74LS151实物图

图 4-3-4　74LS151 逻辑图、引脚图、实物图

74LS151 是一种典型的中规模集成 8 选 1 数据选择器。它有 3 个地址输入端 S_2、S_1、S_0 和 $\overline{E}$ 选通端，有 8 位数据输入端 $D_0 \sim D_7$，有两个互补输出端，分别是同相输出端 Y 和反相输出端 $\overline{Y}$。芯片逻辑图、引脚图、实物图如图 4-3-4 所示。74LS151 的功能表如表 4-3-2 所示。

表 4-3-2　74LS151 功能表

	输入			输出	
S_2	S_1	S_0	$\overline{E}$	Y	$\overline{Y}$
×	×	×	1	0	1
0	0	0	0	D_0	$\overline{D_0}$
0	0	1	0	D_1	$\overline{D_1}$
0	1	0	0	D_2	$\overline{D_2}$
0	1	1	0	D_3	$\overline{D_3}$
1	0	0	0	D_4	$\overline{D_4}$
1	0	1	0	D_5	$\overline{D_5}$
1	1	0	0	D_6	$\overline{D_6}$
1	1	1	0	D_7	$\overline{D_7}$

数据选择器也能方便地实现逻辑函数。因为其有如下特点：

① 具有标准与或式的形式，即：

$$Y = \sum_{i=0}^{2^n-1} D_i m_i$$

② 提供了地址变量的全部最小项。

③ 一般情况下，D_i 可以当作一个变量处理。因为任何组合逻辑函数总可以用最小项之和的标准形式构成。所以，利用数据选择器的输入 D_i 来选择地址变量组成的最小项 m_i，可以实现任何所需的组合逻辑函数。

六、 基础硬件实验

1. 基础实验设计任务与要求

① 利用中规模集成译码器 74LS138 设计一个带进位的一位全加器。

② 利用中规模集成译码器 74LS138 设计一个带借位的一位全减器。

③ 利用中规模集成数据选择器 74LS151 设计三人表决电路（A、B、C）。每人面前有一个按键，如果同意则按下，不同意则不按。结果用指示灯表示，多数同意时指示灯亮，否则不亮。

2. 实验设计与实验内容验证

（1）中规模集成芯片逻辑功能测试

找出 74LS138 按照凹槽对凹槽的方式插入实验箱集成空插座上，再接上电源正极（＋5V），按图 4-3-5 所示电路将输入端接逻辑开关，输出端接输出逻辑指示灯。利用逻辑开关和逻辑状态指示灯按照表 4-3-1 验证 3 线-8 线译码器逻辑功能并测试。

用同样的方式，取出 74LS151 插入实验箱集成空插座上，按图 4-3-6 所示 74LS151 电路将输入端接逻辑开关，输出端接输出逻辑指示灯。利用逻辑开关和逻辑状态指示灯按照表 4-3-2 验证 8 选 1 数据选择器逻辑功能并测试。

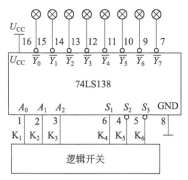
图 4-3-5　74LS138 实验接线电路

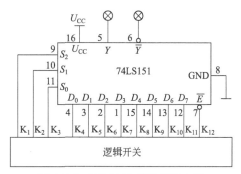
图 4-3-6　74LS151 实验接线电路

（2）利用译码器 74LS138 设计一个带进位的一位全加器

① 逻辑假设：假设一个加数为 A，另一个加数为 B，低位来的进位为 C_i，相加得到的和为 S，向高位产生的进位为 C_{i+1}。

② 列真值表：如表 4-3-3 所示。

表 4-3-3　全加器真值表

A	B	C_i		S	C_{i+1}
0	0	0		0	0
0	0	1		1	0
0	1	0		1	0
0	1	1		0	1
1	0	0		1	0
1	0	1		0	1
1	1	0		0	1
1	1	1		1	1

③ 写逻辑函数：

$$\begin{cases} S = \sum m(1, 2, 4, 7) = \overline{\overline{m_1}\,\overline{m_2}\,\overline{m_4}\,\overline{m_7}} \\ C_{i+1} = \sum m(3, 5, 6, 7) = \overline{\overline{m_3}\,\overline{m_5}\,\overline{m_6}\,\overline{m_7}} \end{cases} \tag{4-3-1}$$

逻辑电路如图 4-3-7 所示。

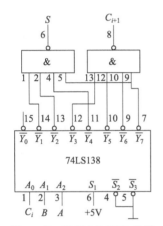

图 4-3-7　利用 74LS138 设计
一位全加器

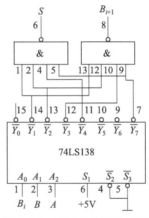

图 4-3-8　利用 74LS138 设计
一位全减器

构成全加器和
全减器

（3）利用译码器 74LS138 设计一个带借位的一位全减器

① 逻辑假设：假设被减数为 A，减数为 B，向高位的借位为 B_i，相减得到的差为 S，向高位产生的借位为 B_{i+1}。

② 列真值表：如表 4-3-4 所示。

表 4-3-4　全减器真值表

A	B	B_i		S	B_{i+1}
0	0	0		0	0
0	0	1		1	1
0	1	0		1	1
0	1	1		0	1
1	0	0		1	0
1	0	1		0	0
1	1	0		0	0
1	1	1		1	1

③ 写逻辑函数：

$$\begin{cases} S = \sum m(1,\ 2,\ 4,\ 7) = \overline{\overline{m}_1 \overline{m}_2 \overline{m}_4 \overline{m}_7} \\ B_{i+1} = \sum m(1,\ 2,\ 3,\ 7) = \overline{\overline{m}_1 \overline{m}_2 \overline{m}_3 \overline{m}_7} \end{cases} \qquad (4\text{-}3\text{-}2)$$

逻辑电路如图 4-3-8 所示。

（4）三人表决器

① 逻辑假设：确定输入变量和输出变量。

三个按键 A、B、C 为输入变量，按下时为"1"，不按时为"0"。输出变量为 L，多数赞成时是"1"，否则是"0"，用指示灯表示。

② 列真值表：如表 4-3-5 所示。

表 4-3-5　三人表决器真值表

A	B	C	L
0	0	0	0
0	0	1	0
0	1	0	0
0	1	1	1
1	0	0	0
1	0	1	1
1	1	0	1
1	1	1	1

③ 写逻辑函数：其标准与或式如下。

$$L = \overline{A}BC + A\overline{B}C + AB\overline{C} + ABC = m_3 + m_5 + m_6 + m_7 \qquad (4\text{-}3\text{-}3)$$

将输入变量接至数据选择器的地址输入端，即 $A = S_2$，$B = S_1$，$C = S_0$，输出变量接至数据选择器的同相输出端，即 $L = Y$。将逻辑函数标准与或式与 74LS151 表达式相比较：

$$Y = m_0 D_0 + m_1 D_1 + m_2 D_1 + m_3 D_0 + m_4 D_0 + m_5 D_0 + m_6 D_0 + m_7 D_0 \qquad (4\text{-}3\text{-}4)$$

显然 L 中出现的最小项，对应的数据输入端应接"1"，L 中没出现的最小项，对应的数据输入端应接"0"。即 $D_3 = D_5 = D_6 = D_7 = 1$；$D_0 = D_1 = D_2 = D_4 = 0$。电路如图 4-3-9 所示。

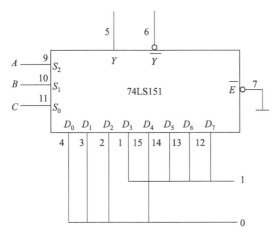

图 4-3-9　74LS151 设计三人表决器电路

74LS151 三人表决器

实验四 触发器逻辑功能测试及触发器的相互转换

一、实验目的

① 掌握触发器的三个基本性质：两个稳态、触发和保持。
② 掌握触发器的分类方法——基本触发器和时钟触发器。
③ 掌握基本触发器、边沿触发器的使用方法和逻辑功能的测试方法。
④ 掌握时钟触发器的触发方式。
⑤ 熟悉触发器之间相互转换的方法。
⑥ 学会利用触发器设计计数器的方法。

二、实验仪器与元器件

① 数电实验箱。
② 数字双踪示波器。
③ 集成电路 74LS00、74LS74、74LS112 。

三、预习要求

① 复习基本触发器和时钟触发器的结构。
② 复习 RS、D、JK、T、T' 触发器的逻辑功能和触发方式。
③ 熟悉本实验所用门电路型号及其引脚排列。
④ 复习不同逻辑功能触发器间的转换，画出 $D \rightarrow T$、$D \rightarrow T'$、$JK \rightarrow T$、$JK \rightarrow T'$ 的逻辑图。

四、回答预习思考题

① 基本触发器的存储功能是如何实现的？
② 各种触发器的逻辑功能有哪些不同？
③ 触发器功能转换的意义和方法？

五、实验知识准备

1. 触发器定义

触发器是一种具有记忆功能的二进制信息存储器件，是构成各种时序电路的最基本逻辑单元。触发器的输出端通常标志为 Q，多数集成触发器还有反相输出端 $\overline{Q}$。触发器具有三个基本性质：

① 两种稳定状态：触发器有两种稳定状态，即 1 态和 0 态，$Q=1$ 称为触发器的 1 态；$Q=0$ 称为触发器的 0 态。

② 触发：在一定的外加信号作用下，可以从一种稳定状态转变到另一种稳定状态（1→0 或 0→1），称为触发。

③ 保持：当外加信号消失后，能将获得的新状态保持下来。

2. 触发器分类

根据不同的需要，触发器的分类主要有以下三种方法：

① 根据是否需要时钟脉冲分为：基本触发器和时钟触发器。不需要时钟脉冲器的触发器称为基本触发器，必须有时钟脉冲输入的触发器称为时钟触发器。

② 根据触发器的结构不同可分为基本触发器、同步触发器、主从触发器、边沿触发器、维持阻塞触发器等类型。

③ 根据逻辑功能不同又可分为 RS 触发器、D 触发器、JK 触发器、T 触发器、T' 触发器等类型。

3. 基本 RS 触发器

(1) 基本 RS 触发器构成及工作原理

用与非门组成的基本 RS 触发器电路结构如图 4-4-1（a）所示。图中 $\overline{S}$ 和 $\overline{R}$ 是控制信号输入端，简称输入端，Q 和 $\overline{Q}$ 是输出端。这种触发器具有置 0、置 1 和保持功能，是组成各种时序逻辑电路的最基本逻辑单元，其逻辑符号见图 4-4-1（b）。逻辑特性见表 4-4-1。表中 Q^n 为触发前的状态（初态），因为触发器状态的变化与 Q^n 有关，所以也将 Q^n 作为一个变量，称为"状态变量"；Q^{n+1} 为触发后的状态（次态）。含有状态变量的真值表称为"触发器的特性表"。

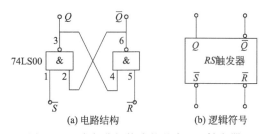

(a) 电路结构　　　　(b) 逻辑符号

图 4-4-1　由与非门构成的基本 RS 触发器

表 4-4-1　由与非门组成的基本 RS 触发器特性表

$\overline{S}$	$\overline{R}$	Q^n	Q^{n+1}
0	0	0	1
0	0	1	1
0	1	0	1
0	1	1	1
1	0	0	0
1	0	1	0
1	1	0	0
1	1	1	1

由表 4-4-1 可知：

① 当 $\overline{S}=0$ 且 $\overline{R}=1$ 时，输出端 $Q=1$，$\overline{Q}=0$，这时为置 1 状态。因此，称 $\overline{S}$ 为置 1 端，又称置位端，低电平有效。

② 当 $\overline{R}=0$ 且 $\overline{S}=1$ 时，输出端 $Q=0$，$\overline{Q}=1$，这时为置 0 状态。因此，称 $\overline{R}$ 为置 0 端，又称复位端，低电平有效。

③ 当 $\overline{R}=\overline{S}=1$ 时，触发器保持原先的 1 或 0 状态不变，这时为保持状态。

④ 当 $\overline{R}=\overline{S}=0$ 时，$Q=\overline{Q}=1$，不符合 RS 触发器的逻辑状态定义（既不是 0 态也不是 1 态）。这种情况对触发器来说是不允许的，称为禁止状态。

（2）基本 RS 触发器应用实例

用基本 RS 触发器可组成一个输出信号无抖动的阶跃信号发生器，它可产生无抖动的上升沿和下降沿。

由于机械开关本身的特点，在触点接通和断开的瞬间存在多次接触（抖动）现象，因此由开关直接产生的信号边沿存在许多毛刺，如图 4-4-2 所示，不能用于实验。

将单刀双位开关与基本 RS 触发器组成的阶跃信号发生器，如图 4-4-3 所示，可以消除触点抖动所产生的信号毛刺。工作原理如下：

① 产生上升沿信号：开关动触点 1 平时扳在 3 端，使 $\overline{R}=0$、$\overline{S}=1$，这时 $Q=0$。当需要上升沿信号时，将开关扳向 2 端，使 $\overline{S}=0$、$\overline{R}=1$，则 Q 由 $0\rightarrow1$，产生上升沿信号。触点抖动不会使这个上升沿产生毛刺。这是因为当动触点脱离 3 点时，$\overline{R}$ 由 0 变 1，这时因为动触点尚未与 2 接触（动触点的运动有一段行程），所以尽管有抖动，即 $\overline{R}$ 多次 $0\rightarrow1\rightarrow0\rightarrow1\rightarrow\cdots\cdots$变化，但因 $\overline{S}=1$，所以触发器或者为置零态（$\overline{R}=0$），或者为保持态（$\overline{R}=1$），因而 $Q=0$ 不变。当动触点彻底脱离 3 点后，才能与 2 点接触，这时，$\overline{R}=1$。尽管在动触点与 2 点接触时，又有抖动，即 $\overline{S}$ 多次 $1\rightarrow0\rightarrow1\rightarrow0\rightarrow\cdots\cdots$变化，但在 $\overline{S}$ 第一次为零时，Q 端已经置为 1，在以后 $\overline{S}$ 的多次抖动时，触发器或置 1（$\overline{S}=0$），或保持（$\overline{S}=1$），总之 $Q=1$ 不变。因此，可以获得一个没有毛刺的上升沿信号。

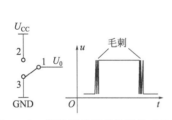

图 4-4-2 机械开关触点抖动造成毛刺

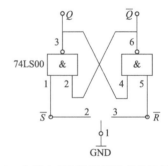

图 4-4-3 由基本 RS 触发器组成的无抖动开关

② 产生下降沿信号：产生下降沿信号原理同上。

4. 边沿触发器

（1）边沿触发器

边沿触发是指触发器状态的转变是在时钟信号的上升沿或下降沿发生。根据电路结构不同，边沿触发分为上升沿触发和下降沿触发两种方式。有些触发器仅在时钟脉冲 CP 的上升沿（0→1 变化边沿，用"↗"或"↑"表示）才能接受控制输入信号（控制信号是指 R、S、J、K、D、T 等端的信号），并同时改变状态（Q 和 $\overline{Q}$），所以这种触发方式称为上升沿触发，图 4-4-4 所示为上升沿触发的 D 触发器的引脚排列和逻辑符号。有些触发器，仅在时钟脉冲 CP 的下降沿（1→0 变化边沿，用"↘"或"↓"表示）才能接受控制输入信号，改变状态。这种触发方式称为下降沿触发。图 4-4-5 所示为下降沿触发的 JK 触发器的引脚排列和逻辑符号。

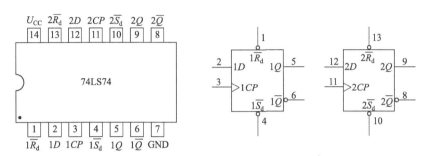

图 4-4-4　双上升沿 D 触发器引脚排列和逻辑符号

74LS74 内含两个相同的 D 触发器，上升沿触发，有预置端和清除端（即直接置位端和直接复位端）。其电路符号和引脚排列如图 4-4-4 所示，特性表见表 4-4-2。图中 D 为控制信号端；CP 为时钟信号端，上升沿有效；$\overline{S}_d$ 是直接置位端，$\overline{R}_d$ 是直接复位端，都是低电平有效。

74LS112 内含两个相同的 JK 触发器，下降沿触发，有预置端和清除端（即直接置位端和复位端）。其引脚排列和逻辑符号如图 4-4-5 所示，特性表见表 4-4-3。图中 J、K 为控制信号端；CP 为时钟信号端，下降沿有效；$\overline{S}_d$ 是直接置位端，$\overline{R}_d$ 是直接复位端，都是低电平有效。

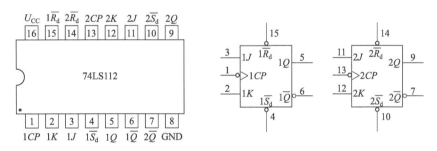

图 4-4-5　双下降沿 JK 触发器引脚排列和逻辑符号

（2）触发器的转换

利用已有触发器和待求触发器的特性方程相等的原则，求出转换逻辑。

转换步骤：

① 写出已有触发器和待求触发器的特性方程。

② 变换待求触发器的特性方程，使之形式与已有触发器的特性方程一致。

③ 比较已有和待求触发器的特性方程，根据两个方程相等的原则求出转换逻辑。

④ 根据转换逻辑画出逻辑电路图。

表 4-4-2　*D* 触发器 74LS74 特性表

$\overline{S}_d$	$\overline{R}_d$	CP	D	Q^n	Q^{n+1}
0	1	$\times$	$\times$	$\times$	1
1	0	$\times$	$\times$	$\times$	0
0	0	$\times$	$\times$	$\times$	1
1	1	0	$\times$	$\times$	Q^n
1	1	1	$\times$	$\times$	Q^n
1	1	⌐	0	0	0
1	1	⌐	0	1	0
1	1	⌐	1	0	1
1	1	⌐	1	1	1

表 4-4-3　双 *JK* 触发器 74LS112 特性表

$\overline{S}_d$	$\overline{R}_d$	CP	J	K	Q^n	Q^{n+1}
0	1	$\times$	$\times$	$\times$	$\times$	1
1	0	$\times$	$\times$	$\times$	$\times$	0
0	0	$\times$	$\times$	$\times$	$\times$	1
1	1	0	$\times$	$\times$	$\times$	Q^n
1	1	1	$\times$	$\times$	$\times$	Q^n
1	1	⌐	0	0	0	0
1	1	⌐	0	0	1	1
1	1	⌐	0	1	0	0
1	1	⌐	0	1	1	0
1	1	⌐	1	0	0	1
1	1	⌐	1	0	1	1
1	1	⌐	1	1	0	1
1	1	⌐	1	1	1	0

六、基础硬件实验

1. 基础实验设计任务与要求

① 测试基本触发器的逻辑功能。

② 测试时钟触发器，验证它们的逻辑功能。

③ 设计触发器逻辑功能的转换电路，并验证。

2. 实验内容与步骤

（1）基本触发器实验

用 2 输入四与非门 74LS00 组成基本 RS 触发器，测试其逻辑功能。

① 将 74LS00 插入实验箱中。按图 4-4-1（a）接线，其中 Q 和 $\overline{Q}$ 分别接逻辑状态显示的发光二极管，$\overline{R}_d$、$\overline{S}_d$ 分别接逻辑开关 K_1 和 K_2。注意：74LS00 必须接上电源线和地线。

② 按表 4-4-1 拨动逻辑开关 K_1 和 K_2，按表 4-4-2 设定输入信号的状态，观察输出 Q 和 $\overline{Q}$ 的状态，验证基本 RS 触发器逻辑功能。

（2）时钟触发器实验

实测并验证集成触发器 74LS74 和 74LS112 的逻辑功能。

① 双上升沿 D 触发器 74LS74 实验

a. 基本功能验证：将 74LS74 芯片插入实验箱 IC 空插座中，按图 4-4-6 所示 D 触发器实验电路接线，$1\overline{R}_d$、$1\overline{S}_d$ 和 $1D$（对应引脚 1、4 和 2）分别接逻辑开关 K_1、K_3 和 K_2，$1CP$（引脚 3）接单次脉冲信号（使用实验箱中的单次脉冲信号）。输出端 Q（引脚 5）和 $\overline{Q}$（引脚 6）分别接两个逻辑状态显示指示灯，注意 14 脚连接 $+5$V 电源，7 脚接地。按表 4-4-2 验证 D 触发器逻辑功能。

b.触发器逻辑功能转换（选作）：使用数电实验箱中所带的脉冲信号发生器产生 1kHz 的脉冲信号，将脉冲信号输入引脚 3，K_2 线去掉，引脚 2 和 6 短接，D 触发器构成 T' 触发器，用示波器观察 CP 端和 Q 端的波形，注意 CP 信号的有效触发沿，记录波形。

注意观察 Q 状态的改变对应的是 CP 上升沿还是下降沿。

② 双下降沿 JK 触发器 74LS112 实验

a.基本功能验证：将 74LS112 芯片插入实验箱 IC 空插座中，按图 4-4-7 所示 JK 触发器实验电路接线，其中 1CP（引脚 1）接实验箱的单次脉冲信号，$1\overline{R}_d$、$1\overline{S}_d$、$1J$ 和 $1K$ 分别接逻辑开关 K_1、K_4、K_2、K_3，注意 16 脚连接 +5V 电源，8 脚接地。按表 4-4-3 验证 JK 触发器逻辑功能。

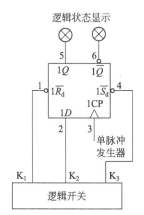

图 4-4-6　74LS74 D 触发器实验电路

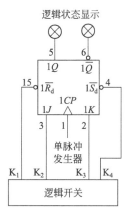

图 4-4-7　74LS112 JK 触发器实验电路

b.触发器逻辑功能转换（选作）：使用数电实验箱中所带的脉冲信号发生器产生 1kHz 的脉冲信号，将脉冲信号输入 1CP 端，将 $1J$（K_2）=1，$1K$（K_3）=1，JK 触发器构成了 T' 触发器，用示波器观察 1CP 端和 Q 端的波形，注意 CP 信号的有效触发沿，记录波形。将其与 D 触发器接成的 T' 触发器输出波形进行比较。

注意观察 Q 状态的改变对应 CP 上升沿还是下降沿。

（3）触发器的相互转换

利用与门和 D 触发器将 D 触发器转换为 JK 触发器并验证。

① 已有触发器特性方程为：

$$Q^{n+1} = D \tag{4-3-1}$$

② 待求触发器特性方程为：

$$Q^{n+1} = J\overline{Q}^n + \overline{K}Q^n \tag{4-3-2}$$

③ 转换逻辑：

$$D = J\overline{Q}^n + \overline{K}Q^n \tag{4-3-3}$$

④ 转换图如图 4-4-8 所示。

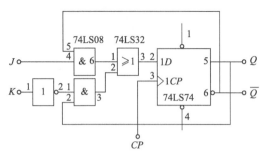

图 4-4-8 触发器的相互转换

实验五 | 触发器的应用

一、实验目的

① 掌握触发器的三个基本性质：两个稳态、触发和保持。
② 掌握利用触发器构成计数器的电路和工作原理。
③ 学习使用触发器及辅助门电路构成小型数字系统的方法。

二、实验仪器与元器件

① 数电实验箱。
② 数字双踪示波器。
③ 集成电路 74HC112、74LS47、74LS00、74LS20。

三、预习要求

① 复习利用触发器构成计数器的工作原理。
② 复习利用触发器设计计数器的过程。
③ 复习 RS 触发器的工作原理及时序逻辑电路的设计流程。

四、回答预习思考题

① 利用触发器构成同步计数器和异步计数器的区别是什么？
② 与非门构成的 RS 触发器和或非门构成的 RS 触发器的输入约束项分别是什么？

五、实验知识准备

时序逻辑电路的设计流程图如图 4-5-1 所示。

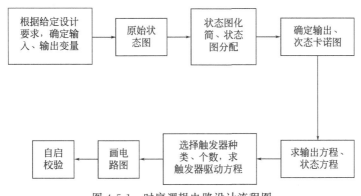

图 4-5-1 时序逻辑电路设计流程图

六、基础硬件实验

1. 基础实验设计任务与要求

用 JK 触发器设计一个带进位输出的常用十进制计数器并译码显示，要求能自启动。

2. 实验内容与步骤

（1）状态图

根据设计要求得到图 4-5-2 所示十进制计数器状态图和图 4-5-3 所示十进制计数器波形图。

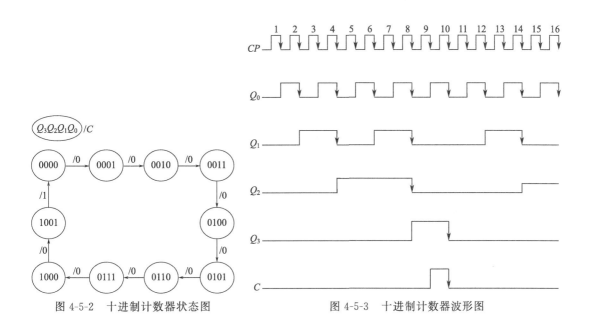

图 4-5-2 十进制计数器状态图

图 4-5-3 十进制计数器波形图

（2）次态卡诺图

根据状态图，需要四个 JK 触发器，次态及输出卡诺图如图 4-5-4 所示。

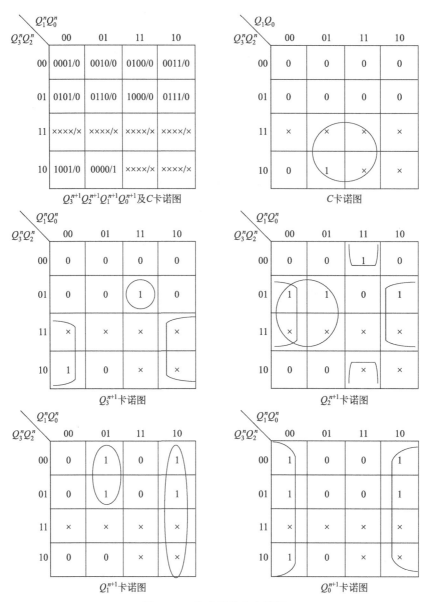

图 4-5-4　次态及输出卡诺图

（3）输出方程及状态方程

根据卡诺图化简得到：

$$
\begin{cases}
C = Q_3^n Q_0^n \\
Q_3^{n+1} = Q_2^n Q_1^n Q_0^n \cdot \overline{Q}_3^n + \overline{Q}_0^n \cdot Q_3^n \\
Q_2^{n+1} = \overline{Q}_2^n Q_1^n Q_0^n + Q_2^n \overline{Q}_1^n + Q_2^n \overline{Q}_0^n = Q_1^n Q_0^n \cdot \overline{Q}_2^n + \overline{Q_1^n Q_0^n} \cdot Q_2^n \\
Q_1^{n+1} = \overline{Q}_3^n Q_0^n \cdot \overline{Q}_1^n + \overline{Q}_0^n \cdot Q_1^n \\
Q_0^{n+1} = \overline{Q}_0^n = 1 \cdot \overline{Q}_0^n + \overline{1} \cdot Q_0^n
\end{cases}
\tag{4-5-1}
$$

（4）驱动方程

次态方程组与 JK 触发器特性方程比对：

$$Q^{n+1} = J\overline{Q}^n + \overline{K}Q^n \tag{4-5-2}$$

得到驱动方程：

$$\begin{cases} J_0 = K_0 = 1 \\ J_1 = \overline{Q}_3^n Q_0^n, \ K_1 = Q_0^n \\ J_2 = K_2 = Q_1^n Q_0^n \\ J_3 = Q_2^n Q_1^n Q_0^n, \ K_3 = Q_0^n \end{cases} \tag{4-5-3}$$

采用四个下降沿的 JK 触发器设计电路。

(5) 电路图

根据驱动方程得到设计的电路，如图 4-5-5 所示。

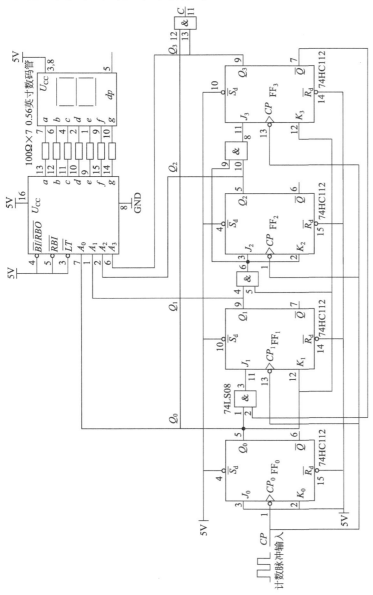

触发器构成十
进制计数器

图 4-5-5 JK 触发器设计的十进制计数器

（6）仿真验证

将 1010、1011、1100、1101、1110、1111 六个状态代入状态方程进行自启动验证，得到仿真结果，如图 4-5-6 所示。

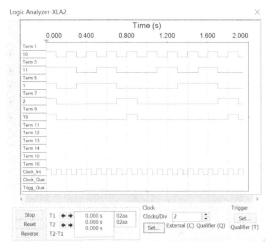

图 4-5-6　JK 触发器构成的十进制计数器仿真结果

七、基础应用实验

1. 设计任务一

（1）设计要求

利用 RS 触发器设计一个二人模拟抢答器电路。

（2）设计分析及电路

假设二人抢答开关分别为 S_1 和 S_2，开关闭合为 0，断开为 1；利用选手面前的发光二极管 D_1 和 D_2 的亮灭来显示是否抢到权限，亮为抢到，为 0，灭为未抢到，为 1。真值表如表 4-5-1 所示。

表 4-5-1　二人模拟抢答器真值表

S_1	S_2	D_1	D_2
1	1	1	1
0	1	0	1
1	0	1	0
0	0	不允许	

表 4-5-1 所示真值表符合 RS 触发器逻辑关系，因此利用 RS 触发构成图 4-5-7 所示电路。

2. 设计任务二

（1）设计要求

利用 RS 触发器设计一个四人竞赛抢答电路。具体要求如下：

① 4 名选手的编号分别为 1、2、3、4。选手每人一个抢答按钮。

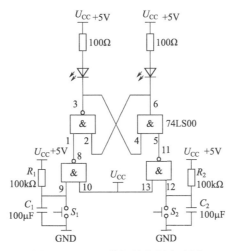

图 4-5-7 二人模拟抢答器电路图

② 当主持人说开始时 4 名参赛者开始抢答，每个参赛者控制一个按钮，通过按动按钮发出抢答信号，先按抢答按钮选手面前的指示灯亮，此后其他三位按动按钮，电路不起作用。

③ 主持人另有一个按钮，用于抢答开始和电路清零复位，抢答开始和抢答结束时主持人按复位按钮复位，指示灯全部熄灭。

（2）设计分析及电路

主持人按钮 S_0 用于抢答开始和复位，1、2、3、4 号参赛者分别对应按钮 $S_1 \sim S_4$。发光二极管 $D_1 \sim D_4$ 是指示灯，用于指示哪一位选手抢答成功。设计框图如图 4-5-8 所示，输入和输出关系如表 4-5-2 所示。

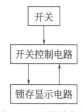

图 4-5-8 设计框图

表 4-5-2 输入与输出关系表

输　　入					输　　出			
S_0	S_1	S_2	S_3	S_4	D_1	D_2	D_3	D_4
1	×	×	×	×	0	0	0	0
0	1	×	×	×	1	0	0	0
0	×	1	×	×	0	1	0	0
0	×	×	1	×	0	0	1	0
0	×	×	×	1	0	0	0	1

根据题意分析：

当主持人按下按键 S_0 后，抢答器处于复位状态，发光二极管 $D_1 \sim D_4$ 熄灭。

当主持人断开按键 S_0 后，抢答器处于抢答状态，任一路选手先按下按钮，对应的 LED 灯点亮，锁存状态，其他选手再按动按钮，LED 维持第一个抢答选手的灯亮状态。当主持人再次按下按键 S_0 后，新一轮抢答开始。

状态的锁存需要用到锁存器，要保证先按选手状态被锁存，需要利用开关控制电路锁存选手的开关状态，并保证其他选手状态保持原来状态不变。

利用 74LS00 构成 RS 触发器，触发器输出状态 $Q_1 \sim Q_4$ 和 74LS20 构成开关控制电路。设计电路如图 4-5-9 所示。

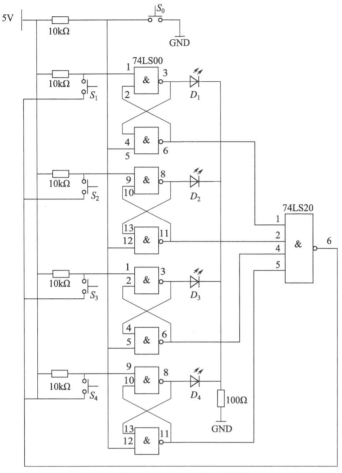

图 4-5-9　与非门实现四人抢答器仿真图

与非门四人抢答器

实验六　集成计数器的应用

一、实验目的

① 掌握常用中规模集成计数器的使用方法。
② 学习运用上述组件设计简单计数器的技能。

二、实验仪器与元器件

① 数电实验箱。

② 数字双踪示波器。
③ 中规模集成芯片 74HC193（192）、74HC00、74HC08、74HC32。

三、预习要求

① 复习"复位法""置位法"组成任意进制计数器的方法。
② 设计一个使用 74HC193 改成十进制数表示的二十四进制的计数器，预先在 Multisim 软件上仿真通过。

四、回答预习思考题

① 什么是分频器？
② 比较用 74HC193 和 74HC192 构成多位加法计数器的区别。
③ 说明任意进制计数器的构成方法。

五、实验知识准备

1. 计数器的分类及特点

计数器是一个用以实现计数功能的时序部件，它不仅可用来统计脉冲个数，还常用作数字系统的定时、分频和执行数字运算以及其他特定的逻辑功能。

计数器种类很多，按计数脉冲引入方式分为同步计数器和异步计数器；按计数容量分为二进制计数器、十进制计数器和任意进制计数器；按计数的功能又分为加法、减法和可逆计数器，还有可预置数和可编程功能计数器等。总之计数器是种类最多、应用最广、最典型的时序电路。

目前无论是 TTL 还是 CMOS 集成电路，都有品种较齐全的中规模集成计数器。使用者只要借助于器件手册提供的功能表和工作波形图以及引出端的排列，就能正确地运用这些器件。

异步计数器具有电路结构简单的优点，但由于电路中触发器状态的改变不是同时发生的，当计数脉冲输入后，需要经过一段时间才能使全部触发器的状态稳定下来，这样必然会影响电路的工作速度，不适宜在较高频率的场合中使用。同步计数器中各触发器共用一个 CP，当计数脉冲来到后，全部触发器同时被触发，因此适于工作在高频场合。同步计数器也有各种进制的加法、减法计数器。因同步计数器的电路结构较复杂，一般都制作成中规模集成计数器电路。受篇幅限制，本书不介绍其电路结构原理，必要时可参看有关书籍。

2. 集成计数器

目前，在实际工程应用中，我们已经很少使用小规模的触发器去拼接成各种计数器，而是直接选用集成计数器产品。本实验要求掌握 74HC193 或 74HC192 集成计数器的控制特性和使用方法。

74HC193、74HC192 是具有双时钟（两个 CP 端）的可异步清零、可预置数的同步加/减计数器，它们的控制功能和引脚完全相同，但是 74HC192 是十进制计数器，而 74HC193 是 4 位二进制计数器。逻辑符号和引脚图如图 4-6-1 所示，控制功能见表 4-6-1。

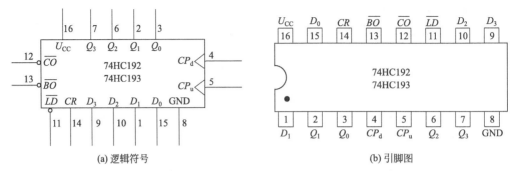

图 4-6-1 双时钟同步加/减计数器 74HC193、74HC192 的逻辑符号和引脚图

表 4-6-1　74HC192、74HC193 功能表

输　入								输　出			
CR	$\overline{LD}$	CP_u	CP_d	D_0	D_1	D_2	D_3	Q_0	Q_1	Q_2	Q_3
H	×	×	×	×	×	×	×	L	L	L	L
L	L	×	×	d_0	d_1	d_2	d_3	d_0	d_1	d_2	d_3
L	H	↑	H	×	×	×	×	加　计　数			
L	H	H	↑	×	×	×	×	减　计　数			
L	H	H	H	×	×	×	×	保　持			

注：H——高电平；L——低电平；×——任意；↑——低电平到高电平跳变（上升沿）；$d_0 d_1 d_2 d_3$——$D_0 D_1 D_2 D_3$ 的稳态输入电平。

74HC192、74HC193 的引出端符号说明（引脚功能）：

$\overline{BO}$：借位输出端（低电平有效）。

$\overline{CO}$：进位输出端（低电平有效）。

CP_d：减计数时钟输入端（上升沿有效）。

CP_u：加计数时钟输入端（上升沿有效）。

CR：异步清零端（高电平有效）。

$D_3 \sim D_0$：并行数据输入端。

$\overline{LD}$：异步并行置入控制端（低电平有效）。

$Q_3 \sim Q_0$：输出端（Q_0 是低位）。

双时钟同步 4 位二进制加/减计数器 74HC193、双时钟同步十进制加/减计数器 74HC192 说明如下：

① 异步清零。$CR = 1$ 时，输出端 $Q_3 Q_2 Q_1 Q_0 = 0000$。

② 异步预置。$\overline{LD} = 0$ 时，输出端 $Q_3 Q_2 Q_1 Q_0 = d_3 d_2 d_1 d_0$。

③ 同步计数。

CP 加在 CP_u 上，$CP_d = 1$，CP ↑ 时执行加法计数。

CP 加在 CP_d 上，$CP_u = 1$，CP ↑ 时执行减法计数。

④ 进位和借位。

当加计数至 1111 时，在 CP_u 的低电平期间，$\overline{CO} = 0$，输出宽度约等于 CP_u 低电平脉冲宽度。

当减计数至 0000 时，在 CP_d 的低电平期间，$\overline{BO} = 0$，输出宽度约等于 CP_d 低电平脉冲宽度。

⑤ 级联扩展。$\overline{BO}$ 和 $\overline{CO}$ 分别连接后一级的 CP_d 和 CP_u 即可进行级联计数。

3. 任意进制计数器的构成

批量生产的集成电路计数器一般都是做成 4 位二进制或十进制方式，难以满足形形色色的使用要求。因此可以利用复位法和置数法（$M<N$）和级联法（$M>N$）产生任意进制计数器。

（1）$M<N$ 计数器的构成方法

① 复位法（置零法）　利用集成计数器的清零端，采用复位法完成进制的变换。

复位法的原理：设原有的计数器是 N 进制，现在要改为 M 进制（$M<N$）。设由 S_0 状态开始计数（S_0 一般为 0），输入 M 个脉冲后，进入到 S_M 状态。如果这时利用 S_M 状态产生一个复位信号使电路置为 S_0 状态，便可跳过（$N-M$）个状态而得到 M 进制计数器，如图 4-6-2（a）所示。

② 置数法　利用集成计数器的置位端，采用"置数法"来组成任意进制计数器。

将 N 进制计数器改变成 M 进制计数器时，需要跳过（$N-M$）个状态，可采用的置位方法有两种，见图 4-6-2（b）、（c）。

方法一：在计数到最大值时，置入某个最小值（不是 0），作为下一次计数循环的起点。

方法二：在计数到某个值时给计数器置入最小值（0），中间跳过 $N-M$ 个状态。

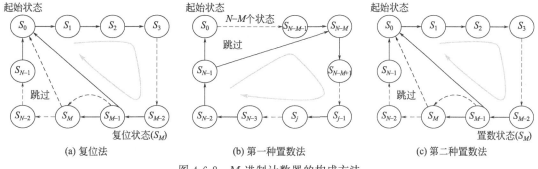

图 4-6-2　M 进制计数器的构成方法

③ $M<N$ 计数器构成应用实例　利用 4 位二进制计数器 74HC193 和门电路构成十进制计数器，见图 4-6-3。

a. 复位法。

控制端的选择和控制线路：因 $M=10$（十进制）和 $S_M=S_{10}=Q_3Q_2Q_1Q_0=1010$，其中等于"1"是 Q_3 和 Q_1，所以，当 $M=10$ 时：

具有异步清零的计数器：S_M 为复位状态，因此 74HC193 复位信号 $CR=Q_3 \cdot Q_1$，可用"与门"将 Q_3 和 Q_1 相与得到复位信号，接至计数器的清零端 CR。具有异步清零的计数器 74HC160、74HC161、74HC190、74HC191、74HC192 和 74HC193 等，S_M 为复位状态，需要注意清零信号所需高低电平值。

具有同步清零的计数器：有了清零信号后并不能马上清零复位，要在 CP 有效沿的同时作用下才能清零，S_{M-1} 为复位状态，例如 74HC162、74HC163 等。

因为 74HC193 是异步高电平清零的，所以当计数至 1010 时，$CR=Q_3Q_1=1$ 时计数器清零，从 0000 状态重新开始计数。图 4-6-3（a）为复位法十进制计数器电路图，图 4-6-4

（a）为复位法十进制计数器状态图。

改变与门连接的 $Q_3 \sim Q_0$ 端，可用 74HC193 构成小于模 16 的任意进制计数器。

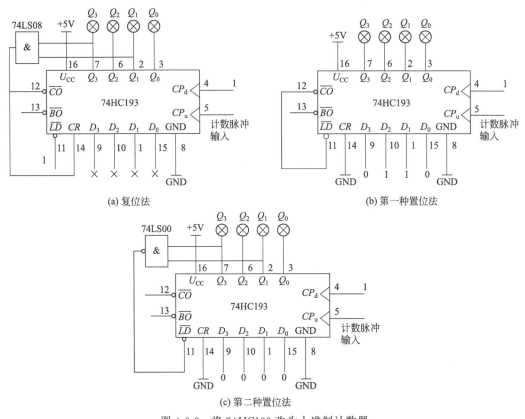

（a）复位法　　　　　　　　　　　　　　（b）第一种置位法

（c）第二种置位法

图 4-6-3　将 74HC193 改为十进制计数器

复位法十进制计数器

第一置位法十进制计数器

第二置位法十进制计数器

b. 置位法。

74HC193 的置数是异步的，只要在 CR 为低电平时，给 $\overline{LD}$ 端一个低电平，就可将 $D_3 \sim D_0$ 的数据置入 $Q_3 \sim Q_0$。

图 4-6-3（b）为第一种置位法构成的十进制计数器，状态图见图 4-6-4（b）。由于需要跳过（16 10＝6）个状态，因此预置数为 6（0110B）。数据端预置为 $D_3 D_2 D_1 D_0 ＝ 0110$，并给 $\overline{LD}$ 端一个低电平，将 0110 并行置入计数器中，然后以 6 为基值向上计数（即 0110→0111→…→1111）。当计至 15（1111B）时，正好 10 个状态，在 CP 由高电平变为低电平后产生低电平的进位信号 $\overline{CO}$，将 $\overline{CO}$ 接到 $\overline{LD}$ 作为置数信号，便可使电路循环计数。

图 4-6-3（c）为第二种置位法构成的十进制计数器，状态图见图 4-6-4（c）。计数从 0 开

始，当计数至 10（1010B）时，产生置位信号 $\overline{LD}$ ，将计数器状态置为 0000B。这种电路的缺点是由于没有计数到最大值，故不能产生进位信号。

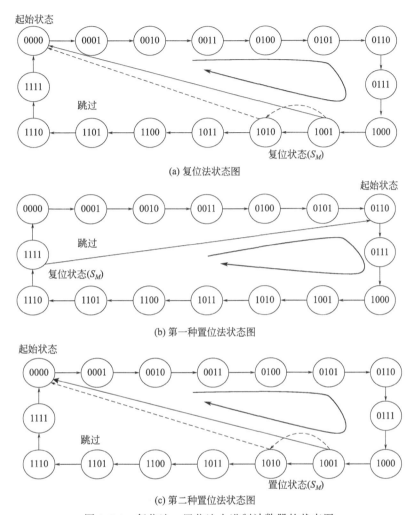

(a) 复位法状态图

(b) 第一种置位法状态图

(c) 第二种置位法状态图

图 4-6-4 复位法、置位法十进制计数器的状态图

（2）$M>N$ 计数器的构成方法

要实现 $M>N$ 的计数器，一片集成计数器容量不够时，需要进行计数器容量的扩展，可采用串行进位、并行进位、整体复位、整体置数的方式实现计数容量的扩展。

六、基础硬件实验

实验内容与步骤如下。

将数电实验箱中的逻辑开关分为两组：一组用于功能控制，一组用于置数控制。

1. 集成计数器双时钟同步二进制加/减计数器 74HC193 的功能验证

① 将 74HC193 芯片插入实验箱 IC 空插座中。16 脚接电源 +5V，8 脚接地，D_3、D_2、D_1、D_0 接四位数据开关（D_3 在最左边），Q_3、Q_2、Q_1、Q_0、$\overline{CO}$、$\overline{BO}$ 接状态灯（Q_3 在最左边），置数控制端 $\overline{LD}$、清零端 CR 分别接逻辑开关 K_1、K_2，CP_d 接 K_3，CP_u 接单次

脉冲输出端（⊓）。接线完毕检查无误后（注意元件方向），接通电源，进行 74HC193 功能验证。

② 清零：验证 CR 高电平异步清零功能。拨动逻辑开关 $K_2=1$（CR 为高电平），则输出 $Q_3 \sim Q_0$ 全为 0，状态灯应全灭。进行以下步骤时，必须将 K_2 恢复为 0。

③ 置数：验证 $\overline{LD}$ 的低电平异步置位功能。设置数据开关使 $D_3 D_2 D_1 D_0 = 1010$，置逻辑开关 $K_1=0$（$\overline{LD}=0$），$K_2=0$（$CR=0$），这时输出 $Q_0 Q_1 Q_2 Q_3 = 1010$，即 $D_3 \sim D_0$ 数据并行置入计数器 Q 端，若数据正确，再设置 $D_3 \sim D_0$ 为 0111，重复上述操作，观察输出是否正确。如不正确，须找出原因。完成后将 K_1 置 1。

④ 保持功能：置 $K_1=1$，$K_2=0$（即（$\overline{LD}=1$，$CR=0$），$CP_u=CP_d=1$，计数器输出 Q_0、Q_1、Q_2、Q_3 的状态灯应不变，这时为保持功能。

⑤ 计数：

a. 加法计数。将 74HC193 的 CP_u 端与实验箱单次脉冲信号源的"⊓"端相连，置 $K_1=1$，$K_2=0$（即 $\overline{LD}=1$，$CR=0$），$K_3=1$（$CP_d=1$），使 74HC193 处于加法计数器状态。先将 74HC193 清零，按动单次脉冲按钮输入计数脉冲 CP，状态灯显示十六进制计数状态，即从 $0000 \rightarrow 0001 \rightarrow 0010 \rightarrow \cdots \rightarrow 1111$ 进行顺序计数，当第 15 次按下按钮，计数到 1111 状态时，注意观察按钮抬起时进位端（$\overline{CO}$）状态灯灭，表示 $CO=0$，产生进位信号。将 CP_u 改接至连续脉冲输出端（调连续脉冲频率约为 1Hz），这时可看到二进制计数器连续翻转的情况。记录实验现象。选作：用 10kHz 连续脉冲输入，观察 $Q_3 \sim Q_0$ 波形。仿真结果如图 4-6-5（a）所示。

b. 减法计数。实验方法基本同加法计数实验。CP_u 端改接 K_3，令 $CP_u=1$，将 CP_d 端与单次脉冲信号的"⊓"端相连，则 74HC193 处于减法计数器状态。将 74HC193 清零后，按动单次脉冲按钮输入计数脉冲，状态灯显示十六进制减法计数状态，即从 $0000 \rightarrow 1111 \rightarrow 1110 \rightarrow 1101 \rightarrow \cdots \rightarrow 0000$ 进行倒计数，当计到计数器全为 0000 时，借位端（$\overline{BO}$）状态灯灭（即 $\overline{BO}=0$）。将 CP_d 改接至连续脉冲输出端（调连续脉冲频率约为 $f=1$Hz），这时可看到二进制计数器连续翻转的情况。记录实验现象。选作：用 10kHz 连续脉冲输入，观察 $Q_3 \sim Q_0$ 波形。仿真结果如图 4-6-5(b) 所示。

2. 将二进制计数器 74HC193 改接为十进制计数器

按照图 4-6-3 所示电路，将 74HC193 改接为十进制计数器。为观察起来更生动，可将实验箱内右上角部分的七段数码管译码显示与十进制计数器输出端相连，手动输入单次脉冲或输入 1Hz 连续脉冲，观察并记录状态变化的现象。输入 10kHz 的脉冲，用示波器观察波形（观察一组即可）。（七段译码显示连接方法：将实验箱的"译码显示"部分连接 +5V 电源，任选一组译码输入：$D—Q_3$、$C—Q_2$、$B—Q_1$、$A—Q_0$。大于 9 的数字不能译码）。仿真结果如图 4-6-5(c) 所示。

3. 多位计数器实验（选作）

将二进制计数器 74HC193 或 74HC192 设计成多位计数器。设计 BCD 码的两位二十四进制的加法、减法计数器并可用 LED 显示数据，先用仿真软件 Multisim 仿真。

实验电路如图 4-6-6 和图 4-6-7 所示。它们是两片十进制加/减计数器 74HC192 和 4 位二进制加/减计数器 74HC193 构成的二十四进制加法计数器，实验时可连接十进制译码

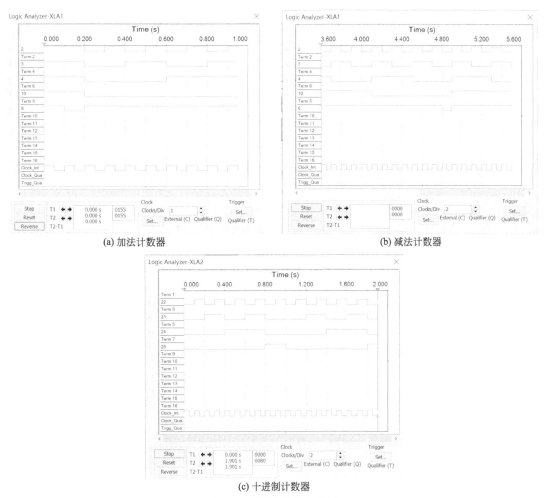

(a) 加法计数器　　　　　　　　(b) 减法计数器

(c) 十进制计数器

图 4-6-5　计数器仿真结果

显示。

图 4-6-8 为使用 4 位二进制加/减计数器 74HC193 组成的任意进制减法计数电路，图中将两个二进制计数器的 $\overline{BO}$ 相"或"，形成置数信号 $\overline{LD}$。注意：不用的输入端必须接逻辑开关，输入正确电平，以免干扰使计数器误动作。

自行设计实验方法和内容。

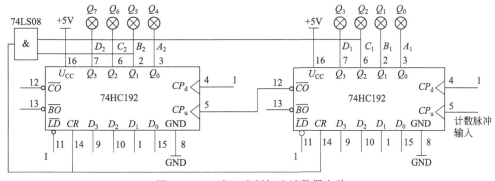

图 4-6-6　二十四进制加法计数器电路

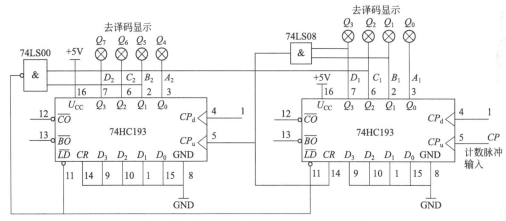

图 4-6-7　BCD 码二十四进制加法计数器电路

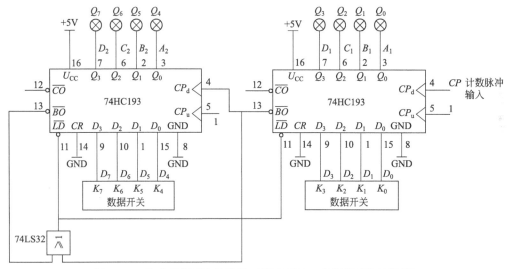

图 4-6-8　构成多位减法计数器（模小于 256 的任意减法计数器）

实验七 ┃ 555 定时器及应用

一、实验目的

① 掌握 555 定时器的工作原理。

② 掌握 555 定时器组成施密特触发电路、单稳态电路、多谐振荡电路的方法。

二、实验仪器与元器件

① 数电实验箱。

② 555 定时器。

③ 双踪示波器。

④ 信号发生器。

⑤ 万用表。

⑥ 电阻、电容、导线若干。

三、预习要求

① 通过网址"www.datasheet5.com"查阅集成运放芯片器件手册，学习有关 555 定时器的工作原理、各引脚功能、主要技术参数、使用方法等有关知识。

② 了解 555 定时器的内部组成结构和工作原理。

③ 掌握 555 定时器实现施密特触发电路、单稳态电路和多谐振荡电路的原理。

四、回答预习思考题

① 555 定时器的 U_{CO} 的功能是什么？当 U_{CO} 悬空时，TH 和 $\overline{TR}$ 的触发电平分别为多少？当 U_{CO} 接固定电平 V_{CO} 时，TH 和 $\overline{TR}$ 的触发电平分别为多少？

② 用 555 定时器组成的施密特触发电路中，$U_{CC}=5\text{V}$，U_{CO} 悬空，回差电压 ΔU_{T} 是多少？用什么方法可以调节回差电压的大小？

③ 用 555 定时器组成的单稳态电路中，若触发脉冲宽度大于单稳态持续时间，电路能否正常工作？如果不能，则电路应如何修改？

④ 用 555 定时器组成的多谐振荡电路中，其振荡周期和占空比与哪些因素有关？若只改变周期，不改变占空比，应当调整哪个元件参数？

五、实验知识准备

1. 555 定时器

555 定时器是一种模拟和数字功能相结合的中规模集成器件。555 定时器成本低，性能可靠，只需要外接几个电阻、电容，就可以实现多谐振荡器、单稳态触发器及施密特触发器等脉冲产生与变换电路。它也常作为定时器广泛应用于仪器仪表、家用电器、电子测量及自动控制等方面。

集成 555 定时器有双极性型和 CMOS 型两种产品。一般双极性型产品型号的最后三位数都是 555，CMOS 型产品型号的最后四位数都是 7555。它们的逻辑功能和外部引线排列完全相同。器件电源电压推荐为 4.5～12V，最大输出电流在 200mA 以内，并能与 TTL、CMOS 逻辑电平相兼容。下面以双极型单定时器 555 芯片为例进行介绍。

2. 555 定时器的电路结构及其功能

555 定时器的内部电路结构如图 4-7-1 所示。

从图 4-7-1 中可以看出：

① 555 定时器是由比较器 C_1 和 C_2、SR 锁存器和集电极开路的放电三极管 VT_D 三部分组成。

② 输入端 TH 为高电平触发端，输入端 $\overline{TR}$ 为低电平触发端。

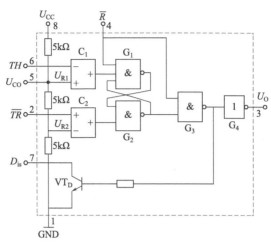

图 4-7-1　555 定时器的内部电路结构

③ U_{CO} 为控制电压输入端，当 U_{CO} 悬空时，比较器 C_1 和 C_2 的参考电压 U_{R1} 和 U_{R2} 分别为 $U_{R1} = \dfrac{2}{3}U_{CC}$ 和 $U_{R2} = \dfrac{1}{3}U_{CC}$ ；如果 U_{CO} 外接固定电压，则 U_{R1} 和 U_{R2} 分别为 U_{CO} 和 $\dfrac{1}{2}U_{CO}$ 。

④ $\overline{R}$ 是置零输入端，低电平有效。$\overline{R}$ 为低电平时，输出端 $U_{\circ}$ 立即被置成低电平，不受其他输入端状态的影响。因此正常工作时，$\overline{R}$ 必须为高电平。

a. 当 $TH > U_{R1}$、$\overline{TR} > U_{R2}$ 时，比较器 C_1 的输出为 1，C_2 的输出为 0，SR 锁存器置 0，VT_D 导通，$U_{\circ}$ 为低电平。

b. 当 $TH < U_{R1}$、$\overline{TR} > U_{R2}$ 时，比较器 C_1 的输出为 0，C_2 的输出为 0，SR 锁存器保持原状态不变，VT_D 和 $U_{\circ}$ 都保持原状态不变。

c. 当 $TH < U_{R1}$、$\overline{TR} < U_{R2}$ 时，比较器 C_1 的输出为 0，C_2 的输出为 1，SR 锁存器置 1，VT_D 截止，$U_{\circ}$ 为高电平。

d. 当 $TH > U_{R1}$、$\overline{TR} < U_{R2}$ 时，比较器 C_1 的输出为 1，C_2 的输出为 1，SR 锁存器的两个输出端均为低电平 0，VT_D 截止，$U_{\circ}$ 为高电平。

由上述分析得到了表 4-7-1 所示的 555 定时器的功能表。

表 4-7-1　555 定时器的功能表

输入			输出	
$\overline{R}$	TH	$\overline{TR}$	$U_{\circ}$	VT_D
0	$\times$	$\times$	0	导通
1	$> \dfrac{2}{3}U_{CC}$	$> \dfrac{1}{3}U_{CC}$	0	导通
1	$< \dfrac{2}{3}U_{CC}$	$> \dfrac{1}{3}U_{CC}$	保持	保持
1	$< \dfrac{2}{3}U_{CC}$	$< \dfrac{1}{3}U_{CC}$	1	截止
1	$> \dfrac{2}{3}U_{CC}$	$< \dfrac{1}{3}U_{CC}$	1	截止

555 定时器的逻辑符号和引脚图、实物图如图 4-7-2 所示。

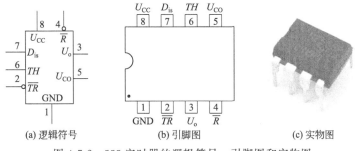

(a) 逻辑符号　　　　　(b) 引脚图　　　　　(c) 实物图

图 4-7-2　555 定时器的逻辑符号、引脚图和实物图

六、基础硬件实验

1. 用 555 定时器构成施密特触发电路

(1) 施密特触发电路

施密特触发电路是脉冲波形变换中经常使用的一种电路，也简称为施密特电路。它在性能上有两个重要的特点：第一，输入信号从低电平上升的过程中电路状态转换时对应的输入电平，与输入信号从高电平下降的过程中对应的输入转换电平不同；第二，在电路状态转换时，通过电路内部的正反馈过程，使输出电压波形的边缘变得很陡峭。利用这两个特点，不仅能将边缘变化缓慢的信号波形整形为边沿陡峭的矩形波，而且可以将叠加在矩形脉冲高、低电平上的噪声有效地消除。

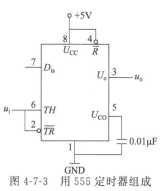

施密特触发电路可由 555 定时器组成，将 555 定时器的两个输入端 TH 和 $\overline{TR}$ 连在一起作为信号输入端，如图 4-7-3 所示，即可得到施密特触发电路。

图 4-7-3　用 555 定时器组成的施密特触发电路

由图 4-7-3 可得：

① 当 u_i 从 0 逐渐升高至 $u_i < \frac{1}{3}U_{CC}$，555 定时器输出 u_o 为高电平 1；当 u_i 上升至 $\frac{1}{3}U_{CC} < u_i \leqslant \frac{2}{3}U_{CC}$ 时，555 定时器输出 u_o 保持高电平 1 不变；增大到 $u_i > \frac{2}{3}U_{CC}$ 时，555 定时器输出 u_o 变为低电平 0。因此 u_i 从 0 逐渐升高的阈值电平为 $U_{T+} = \frac{2}{3}U_{CC}$。

② 当 $u_i \geqslant \frac{2}{3}U_{CC}$ 时，555 定时器输出 U_o 为低电平 0；当 u_i 下降到 $\frac{1}{3}U_{CC} < u_i \leqslant \frac{2}{3}U_{CC}$ 时，555 定时器输出 u_o 保持低电平 0 不变；降低到 $u_i < \frac{1}{3}U_{CC}$ 时，555 定时器输出 u_o 变为高电平 1。因此 u_i 从大于等于 $\frac{2}{3}U_{CC}$ 开始逐渐下降的阈值电平为 $U_{T-} = \frac{1}{3}U_{CC}$。

由分析可以得到电路的回差电压为 $\Delta U_{\mathrm{T}} = U_{\mathrm{T}+} - U_{\mathrm{T}-} = \frac{1}{3}U_{\mathrm{CC}}$，其电压传输特性如图 4-7-4 所示。

（2）用 555 定时器构成施密特触发电路的实验步骤

① 按图 4-7-3 连接电路，设置信号发生器产生输入 u_{i} 为幅值为 2V、1kHz、偏置电压为 2V 的正弦波信号，用双踪示波器观察并记录 u_{i} 和 u_{o} 的波形，并将相应数据记录在表 4-7-2 中。图 4-7-5 为仿真结果。

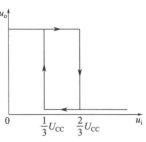

图 4-7-4　图 4-7-3 所示电路的电压传输特性

表 4-7-2　施密特触发电路实验测试表 1

项目	u_{i} 和 u_{o} 波形	幅值/V	频率/Hz	$U_{\mathrm{T}+}$/V	$U_{\mathrm{T}-}$/V	回差电压 ΔU_{T}/V
u_{i}						
u_{o}						

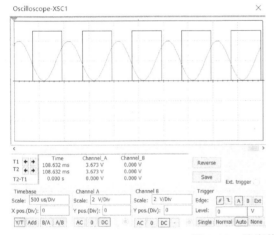 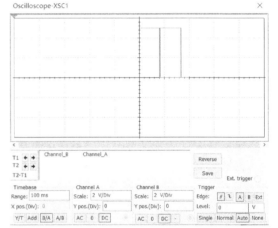

图 4-7-5　施密特触发器仿真结果

② （选做）将 555 定时器的引脚 5 电压控制端 U_{CO} 外接 6V 电压，其余条件不变，用双踪示波器观察并记录 u_{i} 和 u_{o} 的波形，并将相应数据记录在表 4-7-3 中。

施密特触发器

表 4-7-3　施密特触发电路实验测试表 2

项目	u_{i} 和 u_{o} 波形	幅值/V	频率/Hz	$U_{\mathrm{T}+}$/V	$U_{\mathrm{T}-}$/V	回差电压 ΔU_{T}/V
u_{i}						
u_{o}						

2. 用 555 定时器构成单稳态电路

（1）单稳态电路

单稳态电路的工作特性具有三个显著特点：第一，它有稳态和暂稳态两个不同的工作状态；第二，在外界触发脉冲的作用下，能从稳态翻转到暂稳态，暂稳态维持一段时间以后再自动返回稳态；第三，暂稳态维持时间的长短取决于电路本身的参数，与触发脉冲的宽度和幅度无关。稳态电路被广泛用于脉冲的整形、延时以及定时。单稳态电路的暂稳态通常都是靠 RC 电路的充、放电过程来维持的。

单稳态电路可以由 555 定时器构成，若以 555 定时器的 $\overline{TR}$ 端作为触发信号 U_i 的输入端，并将由 VT_D 和电阻 R 组成的反相器输出电压接至 TH 输入端，同时在 TH 对地接入电容 C，就构成了如图 4-7-6（a）所示的单稳态电路。

该电路 U_i 端输入信号的脉宽必须小于输出脉冲 U_o 的脉宽，才能定时准确，因此当使用方波信号作为输入信号时，必须经微分电路变为窄脉冲，如图 4-7-6（b）所示。

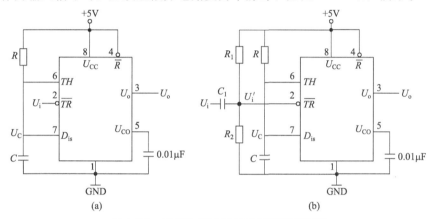

图 4-7-6 用 555 定时器组成的单稳态电路

由图 4-7-6（a）可得：

① 如果没有触发信号，即 U_i 为高电平，则电路一定处于 $U_o=0$ 的稳定状态。

② 当触发脉冲的下降沿到达，使 $\overline{TR}$ 跳变到 $\frac{1}{3}U_{CC}$ 以下时，555 定时器的比较器 C_1 的输出电压 $U_{C_1}=0$，比较器 C_2 的输出电压 $U_{C_2}=1$，锁存器置 1，U_o 跳变成高电平，电路进入暂稳态，VT_D 截止，U_{CC} 经电阻 R 开始向电容 C 充电。

③ 当充电至 $U_C=\frac{2}{3}U_{CC}$ 时，U_{C_1} 变成 1，如果此时输入端的触发脉冲已经消失，U_i 回到高电平，则锁存器置 0，输出回到 $U_o=0$ 的状态，VT_D 导通，电容 C 通过 VT_D 迅速放电，直至 $U_C\approx 0$，电路恢复到稳态。

由分析可以得出在触发信号 U_i 的作用下，U_C 和 U_o 相应的波形如图 4-7-7 所示。

输出脉冲的宽度 T_W 等于暂稳态的持续时间，即取决于外接电阻 R 和电容 C 的大小。由图 4-7-7 可知，输出脉冲的宽度 T_W 等于电容电压 U_C 从 0 充电至 $\frac{2}{3}U_{CC}$ 所需要的时间，因此单稳态触发电路的脉冲宽度为：

$$T_W=RC\ln\frac{U_{CC}-0}{U_{CC}-\frac{2}{3}U_{CC}}=RC\ln 3\approx 1.1RC \qquad (4\text{-}7\text{-}1)$$

（2）用 555 定时器构成单稳态电路的实验步骤

① 按图 4-7-6（b）连接电路，设置信号发生器产生输入 U_i 为 500Hz 的 TTL 信号，

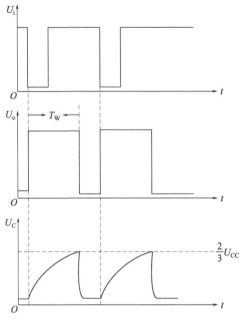

图 4-7-7　图 4-7-6 电路的电压波形图

$R_1=R_2=5.1\text{k}\Omega, R=100\text{k}\Omega, C_1=C=0.01\mu\text{F}$，用双踪示波器分别观察并记录 U_i、U'_i、U_c、U_o 的波形。

② 保持电路不变，改变输入 U_i 的频率，用双踪示波器分别观察 U_i、U'_i、U_c、U_o 的波形的变化情况，并将相应数据记录在表 4-7-4 中。图 4-7-8 为单稳态电路仿真结果。

表 4-7-4　单稳态电路实验测试表

项目	U_o 幅值/V	U_o 脉冲宽度
$U_i=100\text{Hz}$ 时		
$U_i=500\text{Hz}$ 时		
$U_i=1\text{kHz}$ 时		
$U_i=2\text{kHz}$ 时		

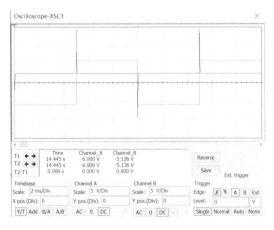
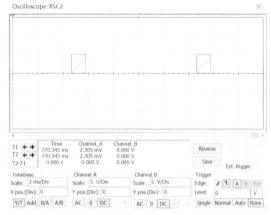

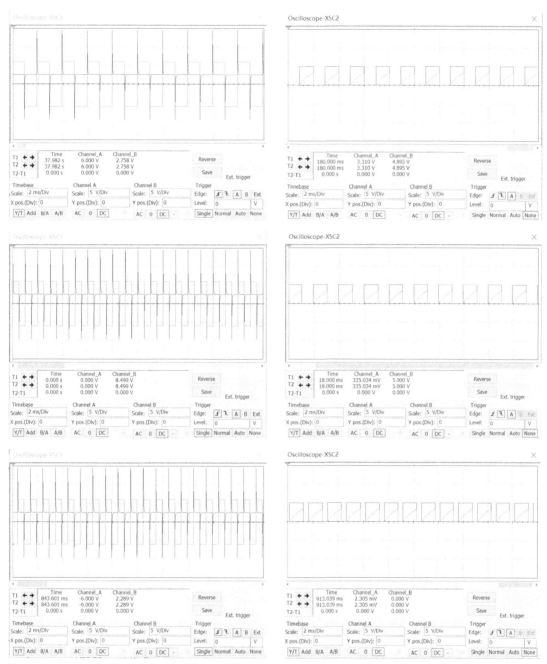

图 4-7-8 单稳态电路仿真结果

3. 用 555 定时器构成多谐振荡电路

（1）多谐振荡电路

多谐振荡电路是一种自激振荡电路，在接通电源以后不需要外加触发信号便能自动地产生矩形脉冲。因为矩形波中含有丰富的高次谐波分量，所以习惯上称为多谐振荡电路。

单稳态电路

555 定时器能很方便地构成多谐振荡电路。只要将 555 定时器的

两个输入端 TH 和 $\overline{TR}$ 连在一起接成施密特触发电路，然后再将 U_o 经 RC 积分回路接回输入端就得到了图 4-7-9 所示的多谐振荡电路。

由图 4-7-9 可得：

① 当接通电源后，因为电容电压 U_C 为 0，所以输出 U_o 为高电平，并通过电阻 R_1、R_2 向电容 C 充电，U_C 开始增大。当 U_C 增大到 $\frac{2}{3}U_{CC}$ 时，输出 U_o 跳变为低电平，电容 C 通过电阻 R_2、三极管 VT_D 开始放电，U_C 开始减小。

② U_C 减小至 $\frac{1}{3}U_{CC}$ 时，输出 U_o 又跳变为高电平，电容 C 重新开始充电。周而复始，输出端 U_o 就能产生矩形波。

由上述分析可以得到 U_C 和 U_o 的电压波形图，如图 4-7-10 所示。

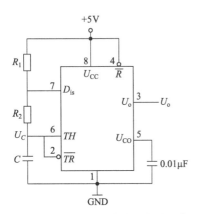

图 4-7-9　用 555 定时器接成的多谐振荡电路

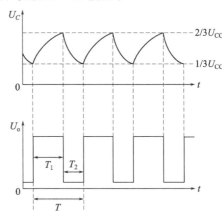

图 4-7-10　图 4-7-9 所示电路的电压波形图

由图 4-7-10 可以求出充电时间 T_1 为：

$$T_1 = (R_1 + R_2)C\ln\frac{U_{CC} - \frac{1}{3}U_{CC}}{U_{CC} - \frac{2}{3}U_{CC}} = (R_1 + R_2)C\ln2 \tag{4-7-2}$$

放电时间 T_2 为：

$$T_2 = R_2 C\ln\frac{0 - \frac{2}{3}U_{CC}}{0 - \frac{1}{3}U_{CC}} = R_2 C\ln2 \tag{4-7-3}$$

因此，图 4-7-9 的多谐振荡电路的振荡周期 T 为：

$$T = T_1 + T_2 = (R_1 + 2R_2)C\ln2 \tag{4-7-4}$$

振荡频率 f 为：

$$f = \frac{1}{T} = \frac{1}{(R_1 + 2R_2)C\ln2} \tag{4-7-5}$$

占空比 q 为：

$$q = \frac{T_1}{T} = \frac{R_1 + R_2}{R_1 + 2R_2} \tag{4-7-6}$$

通过改变电阻 R_1、R_2 和电容 C 的参数即可改变振荡频率和占空比。

（2）用 555 定时器构成多谐振荡电路的实验步骤

① 按图 4-7-9 连接电路，$R_2=10\text{k}\Omega$，$C=0.1\mu\text{F}$，用示波器分别观察记录 $R_1=3\text{k}\Omega$ 和 $R_1=100\text{k}\Omega$ 时的输出波形。

② 使 $C=1\mu\text{F}$，$R_2=10\text{k}\Omega$ 不变，用示波器分别观察记录 $R_1=3\text{k}\Omega$ 和 $R_1=20\text{k}\Omega$ 时的输出波形。

将相应的输出 U_o 的数据记录在表 4-7-5 中。多谐振荡器仿真结果如图 4-7-11 所示。

表 4-7-5 多谐振荡电路实验测试表

项目	U_o 频率	U_o 占空比
$R_1=3\text{k}\Omega,C=0.1\mu\text{F}$		
$R_1=20\text{k}\Omega,C=0.1\mu\text{F}$		
$R_1=3\text{k}\Omega,C=1\mu\text{F}$		
$R_1=20\text{k}\Omega,C=1\mu\text{F}$		

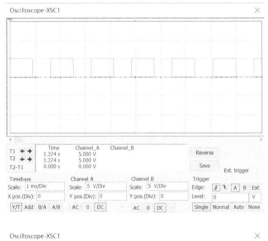
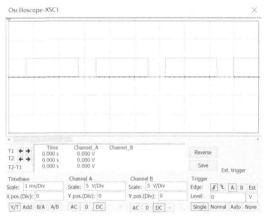
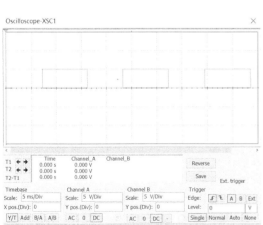
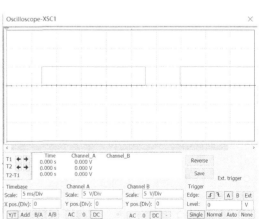

图 4-7-11 多谐振荡器仿真结果

多谐振荡器

实验八 | AD 和 DA 转换器

一、实验目的

① 掌握 DA 和 AD 转换器的工作原理。

② 通过实验掌握 AD7524 和 ADC0804 的基本结构和使用方法。

二、实验仪器与元器件

① 数电实验箱。

② DA 转换器 AD7524。

③ 双踪示波器。

④ AD 转换器 ADC0804。

⑤ 万用表。

⑥ 运放 μA741、电阻、电容、导线。

三、预习要求

① 预习有关权电阻网络 DA 转换器和逐次逼近型/AD 转换器的工作原理。

② 通过网址"www.datasheet5.com"查阅 AD7524 和 ADC0804 芯片手册，了解芯片引脚排布及使用方法。

四、回答预习思考题

① DAC 单极性输出和双极性输出方式的不同点。

② DAC 的分辨率由什么决定？

③ 如何衡量 DAC 的转换速度？

④ ADC 的分辨率和转换误差。AD 转换器的步骤。AD 转换满足的采样定理。

五、实验知识准备

1. DA/AD 转换器

计算机系统是一个数字系统、离散系统，而我们生活的外部世界是一个模拟系统。为使计算机系统能够了解外部世界，对外部事物进行处理，就必须有一个将模拟量转换为数字量、将数字量转换为模拟量的接口，这就是常说的 AD 和 DA 转换器。

模拟量是无限可分的、连续的，数字量是离散的，数字量永远也不能精确地描述模拟量，所以只能选择适当精度的数字量来描述模拟量。AD 转换器和 DA 转换器是沟通模拟电路和数字电路的桥梁，也可称之为两者之间的接口。

DA 转换器（DAC）是将输入数字量转换成模拟量的装置。AD 转换器（ADC）是将输入模拟量转换成数字量的装置。DAC 和 ADC 电路结构形式多种多样，如图 4-8-1 所示。

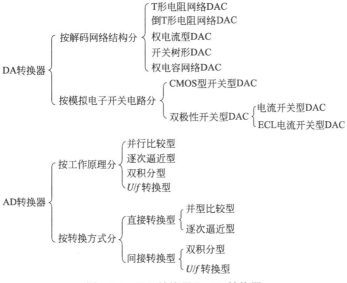

图 4-8-1　DA 转换器和 AD 转换器

2. AD7524 和 ADC0804

AD7524 是美国 AD 公司生产的倒 T 形电阻网络结构的 COMS 低功耗 8 位 DA 转换器，ADC0804 是 CMOS 工艺的逐次逼近式 8 位 AD 转换器。AD7524 的引脚图和实物图如图 4-8-2 所示，引脚功能如表 4-8-1 所示。ADC0804 引脚图和实物图如图 4-8-3 所示，引脚功能如表 4-8-2 所示。

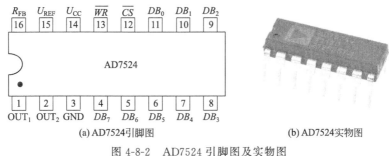

(a) AD7524引脚图　　　　　　　　　　　(b) AD7524实物图

图 4-8-2　AD7524 引脚图及实物图

表 4-8-1　AD7524 引脚功能表

引脚号	功能说明	引脚号	功能说明
1	DAC 的电流流出 1,此引脚接运放的反向输入端	9	DB_2 数据输入端
2	DAC 的电流流出 2,此引脚接运放的同向输入端	10	DB_1 数据输入端
3	电源地端	11	DB_0 数据输入端
4	DB_7 数据输入端	12	片选信号输入端,低电平有效
5	DB_6 数据输入端	13	写控制输入端,低电平有效
6	DB_5 数据输入端	14	供电电源端
7	DB_4 数据输入端	15	参考电源输入端,可正可负
8	DB_3 数据输入端	16	反馈电阻连接端

模拟输出电压与对应数字输入之间的关系如下：

$$u_。 = -\frac{U_{REF}}{2^8}(DB_7 \times 2^7 + DB_6 \times 2^6 + \cdots + DB_0 \times 2^0) \tag{4-8-1}$$

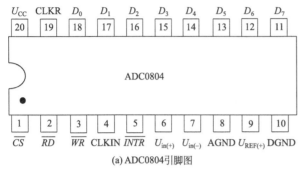

(a) ADC0804引脚图   (b) ADC0804实物图

图 4-8-3   ADC0804 引脚图及实物图

表 4-8-2   ADC0804 引脚功能表

引脚号	功能说明	引脚号	功能说明
1	片选信号输入端,低电平有效	11	D_7 数据输出端
2	读控制输入端,低电平有效	12	D_6 数据输出端
3	转换命令输入端	13	D_5 数据输出端
4	外部时钟信号输入端	14	D_4 数据输出端
5	转换完成信号输出端	15	D_3 数据输出端
6	模拟信号输入端,差动信号输入	16	D_2 数据输出端
7	模拟信号输入端,差动信号输入	17	D_1 数据输出端
8	模拟地	18	D_0 数据输出端
9	参考电压输入端。当悬空时,内部参考电压为 2.5V	19	外部时钟信号输入端
10	数字地	20	供电电源端

数字输出电压与对应模拟输入电压之间的关系如下：

$$D = \frac{2^8(U_{in(+)} - U_{in(-)})}{U_{REF}} \tag{4-8-2}$$

六、基础硬件实验

1. AD7524 验证实验

数模转换原理电路图如图 4-8-4 所示。

① 按图 4-8-4 连接电路图。给定 $U_{REF}=5V$ 参考电压后，R_{P1} 对输出零点进行校正，R_{P2} 对输出满量程进行校准。$DB_7 \sim DB_0 = 00000000$ 时，调节 R_{P1} 使输出电压为 0。$DB_7 \sim DB_0 = 11111111$ 时，调节 R_{P2} 使得满量程输出电压 $u_。 = -U_{REF}$。

② 按表 4-8-3 给定输入数据 $DB_7 \sim DB_0$ 进行测量，测量完毕将数据填入表格。

③ 改变 $U_{REF} = -3V$ 重新进行满量程校准和零点校准后重复进行数据测量，将数据填入表 4-8-3 中。

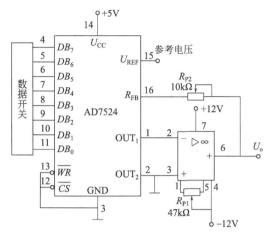

图 4-8-4　AD7524 构成的数模转换原理电路图

表 4-8-3　AD7524 逻辑功能测试数据

输入数字量								输出模拟电压/V	
DB_7	DB_6	DB_5	DB_4	DB_3	DB_2	DB_1	DB_0	$U_{REF}=5V$ 测量值	$U_{REF}=-3V$ 测量值
0	0	0	0	0	0	0	0		
0	0	0	0	0	0	0	1		
0	0	0	0	0	0	1	0		
0	0	0	0	0	1	0	0		
0	0	0	0	1	0	0	0		
0	0	0	1	0	0	0	0		
0	0	1	0	0	0	0	0		
0	1	0	0	0	0	0	0		
1	0	0	0	0	0	0	0		
1	1	1	1	1	1	1	1		
0	1	1	1	1	1	1	1		
0	0	1	1	1	1	1	1		
0	0	0	1	1	1	1	1		
0	0	0	0	1	1	1	1		
0	0	0	0	0	1	1	1		
0	0	0	0	0	0	1	1		

2. ADC0804 验证实验

模数转换原理电路图如图 4-8-5 所示。

① 按图 4-8-5 连接电路图。u_i 接模拟实验箱上直流可调电压信号源，$\overline{WR}$ 接入模拟实验箱单次脉冲输入端，给定一个输入直流电压，在输出端可得到 8 位 $D_7 \sim D_0$ 数字量。

② 按表 4-8-4 给定输出数据 $D_7 \sim D_0$ 利用数字万用表测量给定输入电压，测量完毕将数据填入表格，并根据输入验证输出数字值。

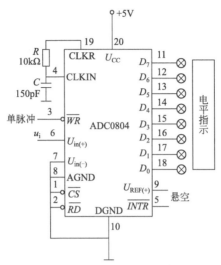

图 4-8-5　ADC0804 构成的模数转换原理电路图

表 4-8-4　ADC0804 逻辑功能测试数据

u_i 输入模拟量/V	输出数字量								十进制
	D_7	D_6	D_5	D_4	D_3	D_2	D_1	D_0	
	1	1	1	1	1	1	1	1	
	0	1	1	1	1	1	1	1	
	0	0	1	1	1	1	1	1	
	0	0	0	1	1	1	1	1	
	0	0	0	0	1	1	1	1	
	0	0	0	0	0	1	1	1	
	0	0	0	0	0	0	1	1	
	0	0	0	0	0	0	0	1	
	0	0	0	0	0	0	0	0	
	1	0	0	0	0	0	0	0	

七、模数和数模综合性实验

利用 ADC0804 和 AD7524 构成模数和数模综合性实验电路。

① 调零。按图 4-8-6 连接电路，将输入电压 u_i 调至 0V，调节 R_{P1} 使得输出电压为 0V。

② 满量程校准。测量 ADC0804 U_{REF} 输入端电压值，调节输入电压 u_i，使其与 U_{REF} 电压一致，调节 R_{P2} 使得输出电压 U_o 与 U_{REF} 幅值相等。满量程校准完毕。

③ 按照表 4-8-5 调节输入电压 u_i 值，$\overline{WR}$ 接入模拟实验箱单次脉冲源，按下单次脉冲，测量 ADC0804 输出数字量和 AD7524 输出电压值并记入表 4-8-5 中。

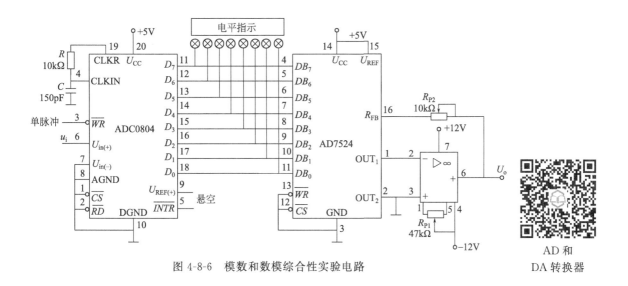

图 4-8-6 模数和数模综合性实验电路

表 4-8-5 AD 和 DA 转换逻辑功能测试数据

u_i 输入模拟量/V	ADC0804 输出的数字量								AD7524 输出的模拟信号/V
	D_7	D_6	D_5	D_4	D_3	D_2	D_1	D_0	
1.0									
1.5									
2.0									
2.5									
3.0									
3.5									
4.0									
4.5									
	1	1	1	1	1	1	1	1	

④ 将图 4-8-6 中 ADC0804 输入信号 u_i 接到信号发生器输入端，信号发生器输出频率为 50Hz、幅度为 5V、偏移为 0V、对称性为 100% 的锯齿波，$\overline{WR}$ 接入模拟实验箱 500Hz 连续脉冲源，u_i 每周期内有 10 个 AD 转换输出，利用双踪数字示波器观察 u_i 和 u_o 波形。为了使输出信号与输入信号接近，需要提高 AD 转换信号频率。（选做）

利用 Multisim 自带的 ADC8 和 IDAC8 模拟图 4-8-6 所示电路，利用双踪示波器观察 u_i 和 u_o 波形，得到仿真结果如图 4-8-7 所示。u_i 与 u_o 波形成反方向运算关系。

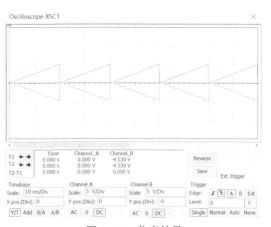

图 4-8-7 仿真结果

第五章
综合实验室创新实验

实验一 一种简易电子温度计

一、设计任务

现有温度传感器 AD590，利用 AD590 及集成运放设计一个温度测量及温度显示电路，超过设定温度进行报警指示。

二、任务分析

AD590 是一种测量范围为 $-55\sim150℃$ 的温度传感器，电流与温度呈线性关系 $[I(\mu A)=273+t]$。进行人体温度测量时，人体温度在 $35\sim42℃$ 之间，因此在进行人体体温测量时 AD590 电流设定范围为 $303\sim318\mu A$ 即可满足要求，利用集成运放线性运算将电流转换为电压即可。此任务利用模拟电子技术知识中的稳压电路、发光管电路、放大器来实现。

三、设计总体框图

本电路主要由以下 3 部分构成。

① 电流-电压前置转换电路：利用集成运放和稳压电路设计电流-电压转换电路。此部分转换系数不易过大，因为电流太小，电阻太大将导致精度和稳定度下降。

② 二次放大电路：滤除信号中高频噪声，采用 RC 无源低通滤波电路即可。前置转换电路中得到的电压比较低，继续放大 10 倍即可。

③ 高烧报警显示电路：利用 $\mu A741$ 构成电压比较器，过压后发光二极管进行简单的高烧温度报警显示。

根据分析，总体电路框图如图 5-1-1 所示。

图 5-1-1　电子温度计电路框图

四、 仿真电路、原理图和实物工作视频

根据设计框图得到电子温度计仿真电路，如图 5-1-2 所示。其原理图和实物工作视频可扫二维码查看。

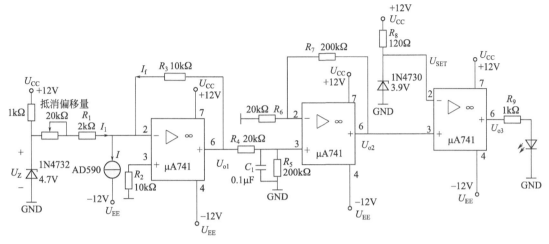

图 5-1-2 电子温度计设计电路

利用稳压管 1N4732 构成的稳压电路抵消偏移量 273μA 后，经过反相比例运算电路将 AD590 温度产生的电流转换为电压输出，经过二次同相放大电路进行电压二次放大并通过示波器或者万用表显示温度电压值，温度超过 39℃ 则通过电压比较器进行高烧报警显示。利用可变电流源模拟 AD590，当可变电流源为 314μA 时，模拟温度为 41℃，U_{o2} 输出为 4.1V，即显示温度为 41℃，发光二极管发光进行高烧报警显示。

简易
电子温度计

实验二 | 简易心电图示仪

该设计取自 2004 年湖北省大学生电子设计竞赛《简易心电图仪设计》。

一、设计任务

设计并制作一个可测量人体心电信号并在示波器上显示的简易心电图仪。简易心电图仪示意图如图 5-2-1 所示。

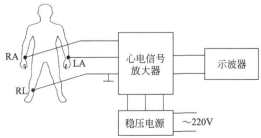

图 5-2-1 简易心电图仪示意图

导联电极说明：RA 为右臂，LA 为左臂，RL 为右腿。

采用标准 I 导联的电极接法，RA 接放大器反相输入端，LA 接放大器同相输入端，RL 作为参考电极，接心电信号放大器参考点。

RA、LA、RL 的皮肤接触电极分别通过 1.5m 长的屏蔽导线与心电信号放大器连接。

二、任务分析

心电信号十分微弱，常见的心电频率一般为 0.05～100Hz，能量主要集中在 17Hz 附近，幅值范围为 0.5～5mV。心电电极阻抗比较大，一般在几十千欧以上。在检测生物电信号的同时存在强大的干扰，主要包括由电极极化电压引起的基线漂移、电源 50Hz 工频干扰、肌电干扰（几百赫兹以上），临床上还存在高频信号的干扰。电源工频干扰主要以共模形式存在，幅值可达到几伏甚至几十伏，所以心电信号放大电路必须有很高的共模抑制比。电极极化电压是指由于测量电极与生物体之间构成化学半电池而产生的直流电压，最大可达 300mV，因此心电信号放大电路的第一级放大倍数不能过高，而且要有去极化电压的 RC 常数电路。因为信号源内阻可达到几十千欧乃至几百千欧，所以心电信号放大电路的输入阻抗必须在几百兆欧以上，而且共模抑制比 K_{CMR} 也要在 60dB 以上（目前心电图仪一般为 89dB 以上），同时要在无源、有源低通滤波电路中有效地滤除与心电信号无关的高频信号，通过系统调试，最后得到放大的、无噪声干扰的心电信号。

三、设计技术指标

电路设计的主技术指标如下：

电压放大倍数：800 倍以上。

输入阻抗：$\geqslant 5M\Omega$。

偏置电流：$< 2nA$。

输入噪声：$< 10\mu V$。

共模抑制比：K_{CMR}（dB）：$\geqslant 60dB$（含 1.5m 长屏蔽导联线，共模输入电压范围为 $\pm 7.5V$）。

电极极化电压：$\pm 300mV$。

漏电流：$< 10\mu A$。

通频带范围：0.05～250Hz。

心电波形动态电压范围：$\pm 10V$。

四、题目意图及知识范围

本设计任务侧重于弱信号的检测，主要包括模拟电子技术知识中的放大器、噪声抑制、有源滤波等。本设计对噪声的抑制要求比较高。

本设计涉及模拟电子技术中的基本仪表放大电路、稳压电路，以及放大器的增益、频率响应、共模抑制比、输出电压动态范围、稳压电源噪声等基本知识。心电信号放大电路是本任务的核心，虽然低噪声稳压电源有利于降低系统噪声，但本任务暂不做设计。

五、设计总体框图

本电路主要由以下 5 部分构成。

前置放大电路：此电路是硬件电路的关键所在，设计的好坏直接影响信号的质量，从而影响到仪器的性能。

右腿驱动电路：用于消除信号中的共模电压，提高共模抑制比，使信号输出的质量得到提高。

低通滤波电路：常见的心电频率一般为 $0.05 \sim 100 \mathrm{Hz}$，能量主要集中在 $17 \mathrm{Hz}$ 附近，幅值微小，大概为 $5 \mathrm{mV}$，而临床监护有用频率为 $0.5 \sim 30 \mathrm{Hz}$，因此设计为保留 $40 \mathrm{Hz}$ 以下的信号，采用二阶低通滤波电路，截止频率为 $0.05 \mathrm{Hz}$。

主放大电路：心电信号需要放大上千倍才能满足 AD 转换器的需要，前置放大电路只有 $100 \sim 250$ 倍，在这一级还需要放大 $4 \sim 10$ 倍。

$50 \mathrm{Hz}$ 陷波电路：前置放大电路对共模信号有一定抑制作用，但 $50 \mathrm{Hz}$ 工频信号以差模形式进入电路，$50 \mathrm{Hz}$ 陷波电路的采用可抑制心电信号 $50 \mathrm{Hz}$ 工频干扰。

根据分析，总体电路框图如图 5-2-2 所示。

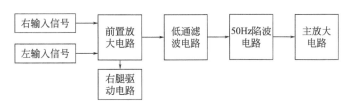

图 5-2-2　心电信号放大电路总体框图

1. 前置放大电路

第一，由于人体心电信号的特点，加上背景噪声较强，以及电极与皮肤的接触电阻因人、时间、环境的不同，采集信号时电极与皮肤间的阻抗大且变化范围也较大，信号源内阻抗为几十千欧；第二，输入信号中含有较强的共模干扰信号，主要是工频干扰。鉴于上述两个原因，这就对前置（第一级）放大电路提出了较高的要求，即要求前置放大电路应满足以下要求：高输入阻抗，高共模抑制比，低噪声，低漂移，非线性度小，有合适的通频带和动态范围。

为此，选用 Analog 公司的 AD620 放大芯片作为前置放大（预放）电路。AD620 的核心是三运放仪表放大电路（相当于集成了三个 OP07D），其内部电路结构如图 5-2-3 所示。

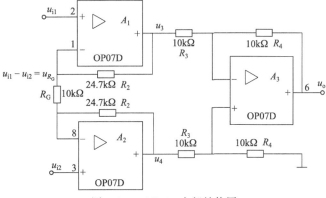

图 5-2-3　AD620 内部结构图

该电路有较高的共模抑制比，温度稳定性好，通频带宽度大，噪声系数小，并且调节方便，是生物医学信号放大电路的理想选择。根据小信号放大电路的设计原则，第一级放大倍数不能设置得太高，因为第一级放大倍数过高将不利于后续电路对噪声的处理。

根据虚短和虚断原理：

$$u_{R_G} = u_{i1} - u_{i2}$$

$$\frac{u_{R_G}}{R_G} = \frac{u_3 - u_4}{R_G + 2R_2}$$

$$u_o = -\frac{R_4}{R_3}(u_3 - u_4)$$

$$u_o = -\frac{R_4}{R_3}\left(1 + \frac{2R_2}{R_G}\right)(u_{i1} - u_{i2}) = -\left(1 + \frac{49.4\text{k}\Omega}{R_G}\right)(u_{i1} - u_{i2})$$

前置放大电路如图 5-2-4 所示。为了抑制射频干扰，在输入端加入 C_{21} 滤除共模信号，C_{22} 滤除差模信号。且满足 $C_{22} \geqslant 10\,C_{21}$。电阻 R 和 C_{21} 决定低通滤波抑制共模信号的截止频率，电阻 R 和 C_{21}、C_{22} 决定抑制差模信号截止频率。

AD620 的放大倍数与电阻之间的关系为：

$$G_1 = 1 + 49.4\text{k}\Omega/R_G$$

选取：

$$R_{21} = R_{22} = 27\text{k}\Omega, \quad R_G = 6.2\text{k}\Omega$$

第一级放大倍数为：

$$G_1 = 1 + 49.4\text{k}\Omega/R_G = 8.97$$

采用 AD620 进行信号预防时，在增益 $G = 10$ 时，$K_{\text{CMR}} \geqslant 100\text{dB}$。

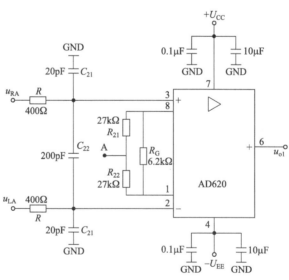

图 5-2-4 前置放大电路（带射频信号抑制功能）

2. 右腿驱动电路

右腿驱动电路是专门为克服 50Hz 共模干扰、提高共模抑制比而设计的。原理是采用人体为相加点的共模电压并联反馈。其方法是，取出前置放大电路中的共模电压，经过驱动电路反向放大后再加回体表上。具体的做法是，将此反馈规模信号接到人体的右腿上，所以称为右腿驱动电路。通常，病人在做正常的心电检测时，空间电场在人体上产生的干扰电压及共模干扰非常严重，而使用右腿驱动电路能很好地解决上述问题。图 5-2-5 所示的右腿驱动电路，其反馈共模信号可以消除人体共模电压产生的干扰，还可以抑制工频干扰。

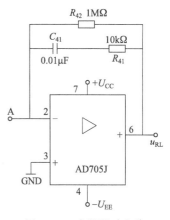

3. 低通滤波电路

由 RC 元件与运算放大电路组成的滤波器称为 RC 有源滤波器，其功能是允许一定频率范围内的信号通过，抑制或急剧衰减此频率范围以外的信号。具有理想幅频特性曲线的滤波器是很难实现的，只能尽量逼近理想幅频特性曲线。常用的方法有巴特沃斯逼近和切比雪夫逼近。为保持心电信号原样，一般采用较平坦的巴特沃斯有源滤波电路，随着滤波

图 5-2-5　右腿驱动电路

器的阶数 n 越高，幅频特性曲线衰减的速度越快，就越接近理想幅频特性曲线。

要滤除 250Hz 的频率，可通过 Multisim 仿真软件选择阻值。巴特沃斯二阶低通滤波电路如图 5-2-6 所示，仿真结果如图 5-2-7 所示。

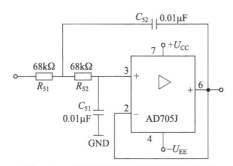

图 5-2-6　巴特沃斯二阶低通滤波电路

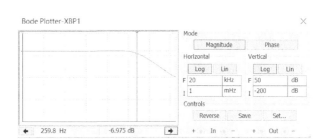

图 5-2-7　巴特沃斯二阶低通滤波器仿真结果

4. 50Hz 陷波电路

工频干扰是心电信号的主要干扰，虽然前置放大电路对共模干扰具有一定的抑制作用，但仍有部分工频干扰以差模方式进入电路，且频率处于心电信号的通频带范围之内，加上电极和输入回路不稳定的因素，前置放大电路输出的心电信号仍存在较强的工频干扰，所以必须专门进行滤波。本任务选用如图 5-2-8 所示的有源双 T 形 50Hz 陷波电路。陷波电路若采用一般电容进行滤波，因电容误差太大，导致中心频率漂移。为了防止中心频率漂移，考虑到元器件在低频下的抗噪声性能，电阻采用高精度（误差＜1％）金属膜电阻，电容采用高精度（误差＜2％）镀银云母电容或碳酸盐电容，常见的衰减量为 40～50dB，如果要得到 60dB 的衰减量，电阻和电容的误差应小于 0.1％。

图 5-2-8 中，A_1 用作放大器，其输出端为整个电路的输出；A_2 接成电压跟随器，目的是提高 Q 值。通过调节 R_{64} 和 R_{65} 两个电阻的值可以控制陷波电路的滤波特性，包括带阻滤波的频带宽度和 Q 值的高低。R_{64} 越大，陷波宽度越宽，陷波深度越深。

实验中选用陷波效果很好的经验参数：$R_{61} = R_{62} = R = 32k\Omega$，$R_{63} = 16k\Omega$，$R_{64} = 2k\Omega$，$R_{65} = 148k\Omega$；$C_{61} = C_{62} = C = 0.1\mu F$，$C_{63} = 0.2\mu F$。

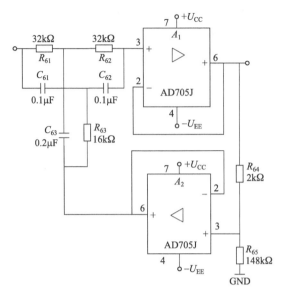

图 5-2-8　有源双 T 形 50Hz 陷波电路

中心截止频率：$f_0 = 1/(2\pi RC) = 50\text{Hz}$。

图 5-2-8 中滤波电路放大倍数为 $G_2 = R_{65}/(R_{65} + R_{64}) = 0.9$。

通频带带宽：$f_{bw} = f_0/Q$。其中 $Q = 0.5(1 - A_u)$。

仿真结果如图 5-2-9 所示。

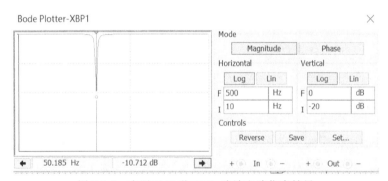

图 5-2-9　有源双 T 形 50Hz 陷波电路仿真结果

5. 主放大电路

主放大电路主要以提高放大倍数为目的，选用普通的 AD705J 放大芯片即可，如图 5-2-10 所示。

此主放大电路放大倍数为：$G_3 = R_{32}/R_{31} = 110$。

整个电路放大倍数为：

$$G = G_1 G_2 G_3 = 8.97 \times 0.9 \times 110 = 888$$

将各个部分结合后得到的心电信号放大电路如图 5-2-11 所示。

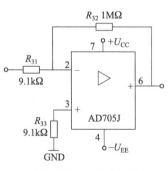

图 5-2-10　主放大电路

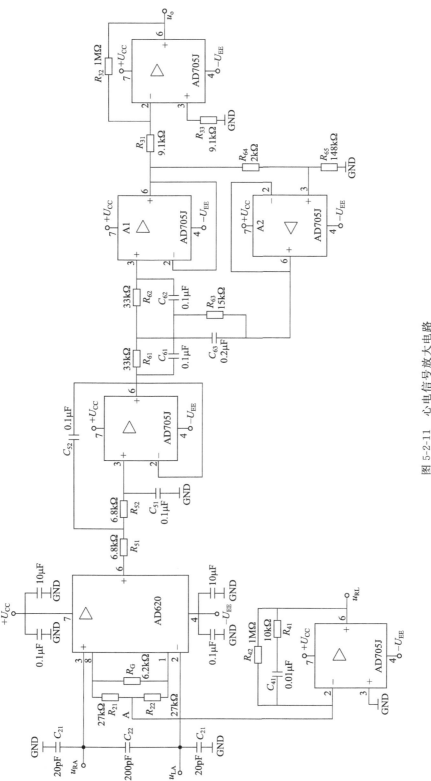

图 5-2-11 心电信号放大电路

一、设计任务

现有驻极体 MIC，利用 MIC、集成运放、晶体管等设计一个楼道声控灯，并能够进行点灯延时计时控制。

二、任务分析

驻极体 MIC 是一种能将声音信号转化成电信号的声电转换器件。它具有体积小、重量轻、结构简单、阻抗低、频响宽、灵敏度高、耐振动、价格便宜等特点，因而广泛用于录音机、无线话筒及声控开关等电子装置中。

MIC 具体工作频率范围为 50～20kHz，工作电压为 1.5～10V，其标准工作电压为 3V，工作电流为 0.1～1mA，等效输出阻抗为 2kΩ。楼道有人经过时，MIC 将声音转换成电压进行声音信号采集，然后利用集成运放线性运算进行电压放大。此部分利用模拟电路实现，而要实现显示和计时延迟则需要用到数字电子技术中的单稳态保持电路、开关电路、计数电路、显示电路等来实现。

三、设计总体框图

本电路主要由声控显示电路和声控计时电路 2 部分构成。其总体框图如图 5-3-1 所示。

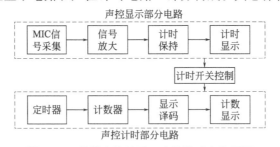

图 5-3-1　楼道声控显示、声控计时电路框图

四、设计电路

1. 声控显示电路

声控显示电路如图 5-3-2 所示。MIC 采集声音信号后经过隔直电容 C_1 后将声电信号送入同相比例运算电路进行电压采集和放大处理，放大倍数为 11 倍。此部分声控灯采集电压瞬时峰值可能达到几伏，按照运放线性关系输出后输出电压可能超过运放供电电压，但是运放的非线性会对输出电压进行限制，所以此信号放大部分放大倍数不必太在意。此部分声音信号采集后给后级三极管 Q_1 基极一个高电平信号，Q_1 集电极低电平输出触发 7555 构成的单稳态触发电路触发端，单稳态触发器开始工作实现信号的延时保持。单稳态触发器输出端 3 脚保持一段时间高电平，Q_2 饱和输出，LED 点亮显示。LED 显示时间取决于单稳态暂态触发电路暂态时长：

$$t = 1.1R_PC_2 \tag{5-3-1}$$

为了减少仿真时间，延时时间设置得比较短：

$$t = 1.1R_PC_2 = 1.1 \times 400 \times 10^3 \times 1 \times 10^{-6} = 0.44(\text{s}) \tag{5-3-2}$$

实际 R_P 可取 $2\text{M}\Omega$，C_2 可取 $10\mu\text{F}$，因此延时时间：

$$t = 1.1R_PC_2 = 1.1 \times 2 \times 10^6 \times 10 \times 10^{-6} = 22(\text{s}) \tag{5-3-3}$$

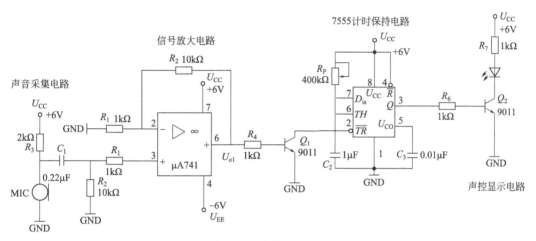

图 5-3-2　声控显示电路

2. 声控计时电路

声控计时显示电路如图 5-3-3 所示，利用 555 定时器构成多谐振荡器产生脉冲，计数器 74LS90 进行计数后驱动共阳极显示译码器 74LS47 和数码管进行计数显示。计时脉冲周期：

$$T = 0.7(R_9 + 2R_{10})C_4 \tag{5-3-4}$$

为了减少仿真时间，延时时间设置比较短，为：

$$T = 0.7(R_9 + 2R_{10})C_4 = 0.0462\text{s} \tag{5-3-5}$$

实际电路中可设置 $R_9 = 910\text{k}\Omega$，$R_{10} = 1.5\text{M}\Omega$，$C_4 = 0.47\mu\text{F}$，实际延时时间可设为：

$$T = 0.7(R_9 + 2R_{10})C_4 = 1.28\text{s} \tag{5-3-6}$$

此部分内容的关键是声控显示电路 LED 灯点亮后启动声控计数电路，因此需要加一个计时开关控制电路。

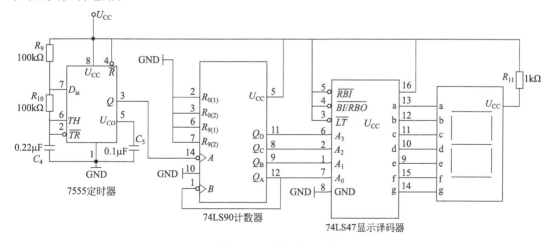

图 5-3-3　声控计时电路

五、仿真电路、原理图和实物工作视频

楼道声控计时、显示、延时控制电路如图 5-3-4 所示，计时从 LED 点亮开始，采用 Q_3 构成计时开关电路启动计数电路计时。利用 7555 定时器和 74LS90、共阳极显示译码和数码管实现延时计时显示功能，具体仿真结果、原理图及实物工作视频可扫描二维码后观看。

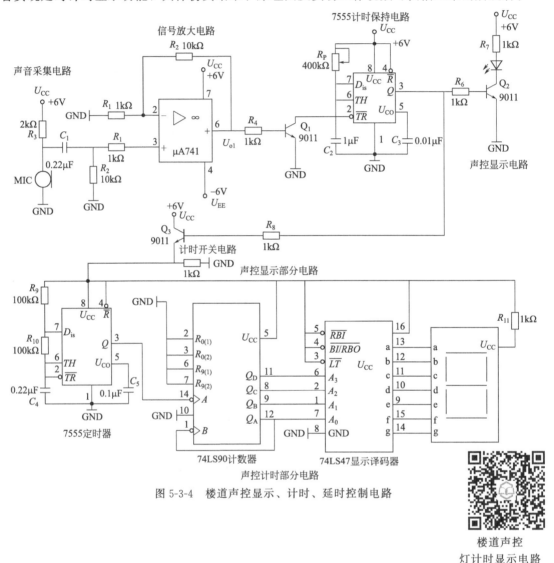

图 5-3-4　楼道声控显示、计时、延时控制电路

楼道声控
灯计时显示电路

实验四 | 心形流水灯控制电路的设计

一、设计任务

利用 555 产生时钟信号，设计一个心形流水灯，使心形灯按照一定频率依次点亮。

二、设计分析

将 16 个 LED 灯摆成心形的形状，并按一定频率依次点亮。可以使用 555 定时器构成多谐振荡器，产生一定频率的脉冲信号，作为计数器的时钟信号，得到设计框图如图 5-4-1 所示。

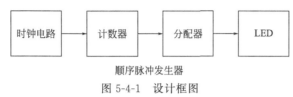

顺序脉冲发生器

图 5-4-1　设计框图

三、设计所用仪器与元器件

① 数电实验箱。

② 555 定时器。

③ 同步计数器 74LS193 或 74LS161。

④ LED 彩灯若干。

⑤ 译码器 74LS138。

⑥ 电阻、电容、导线若干。

四、设计电路

1. 时钟电路

使用 555 定时器构成的多谐振荡器电路及其波形如图 5-4-2 所示。

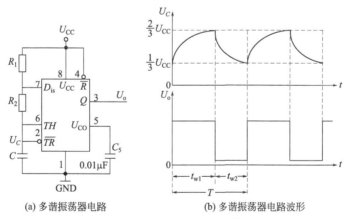

(a) 多谐振荡器电路　　　　(b) 多谐振荡器电路波形

图 5-4-2　多谐振荡器电路及其波形

图 5-4-2（a）所示电路的输出信号周期为：

$$t_{w1} = \ln 2(R_1 + R_2)C \approx 0.7(R_1 + R_2)C \tag{5-4-1}$$

$$t_{w2} = \ln 2 R_2 C \approx 0.7 R_2 C \tag{5-4-2}$$

$$T = t_{w1} + t_{w2} = 0.7(R_1 + 2R_2)C \tag{5-4-3}$$

则输出信号占空比：

$$q = \frac{t_{w1}}{T} = \frac{t_{w1}}{t_{w1} + t_{w2}} = \frac{R_1 + R_2}{R_1 + 2R_2} \tag{5-4-4}$$

2. 顺序脉冲发生器

在一些数字系统中，有时需要系统按照事先规定的顺序进行一系列的操作。这就要求系统的控制部分能够给出一组在时间上有一定先后顺序的脉冲信号，再用这组脉冲信号形成所需要的各种控制信号。顺序脉冲发生器就是用来产生这样一组顺序脉冲的电路。顺序脉冲发生器可由中规模集成电路的计数器和译码器构成。

（1）同步计数器 74LS193

74LS193 是具有双时钟（两个时钟 CLK）的可异步清零、可预置数的 4 位二进制加/减计数器，其逻辑符号、引脚图和实物图如图 5-4-3 所示。表 5-4-1 为 74LS193 的功能表。

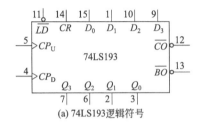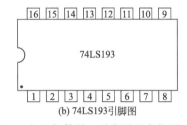

(a) 74LS193逻辑符号　　(b) 74LS193引脚图　　(c) 74LS193实物图

图 5-4-3　74LS193 的逻辑符号、引脚图和实物图

表 5-4-1　74LS193 的功能表

输入								输出			
CR	$\overline{LD}$	CP_U	CP_D	D_3	D_2	D_1	D_0	Q_3	Q_2	Q_1	Q_0
1	×	×	×	×	×	×	×	0	0	0	0
0	0	×	×	D_3	D_2	D_1	D_0	D_3	D_2	D_1	D_0
0	1	↑	1	×	×	×	×	加计数			
0	1	1	↑	×	×	×	×	减计数			
0	1	1	1	×	×	×	×	保持			

（2）顺序脉冲发生器

图 5-4-4 以 74LS193 和 3 线-8 线译码器 74LS138 构成的顺序脉冲发生器。由于采用了异步计数器 74LS193，当两个以上触发器同时改变输出状态时将发生竞争-冒险现象，有可能在触发器的输出端出现尖峰脉冲。为了消除输出端的尖峰脉冲，消除竞争冒险现象，在 74LS138 的 S_0 端加入选通脉冲，图中选用 $\overline{CP}$ 作为选通脉冲。

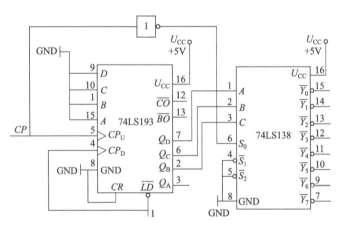

图 5-4-4　用中规模集成电路构成的顺序脉冲
发生器（可消除尖峰脉冲）

五、仿真电路、原理图和实物工作视频

利用 555 定时器构成时钟电路作为顺序脉冲发生器的时钟后驱动 LED 得到心形流水灯电路，如图 5-4-5 所示。心形流水灯控制电路的仿真、原理图及实物工作视频可扫描二维码观看。

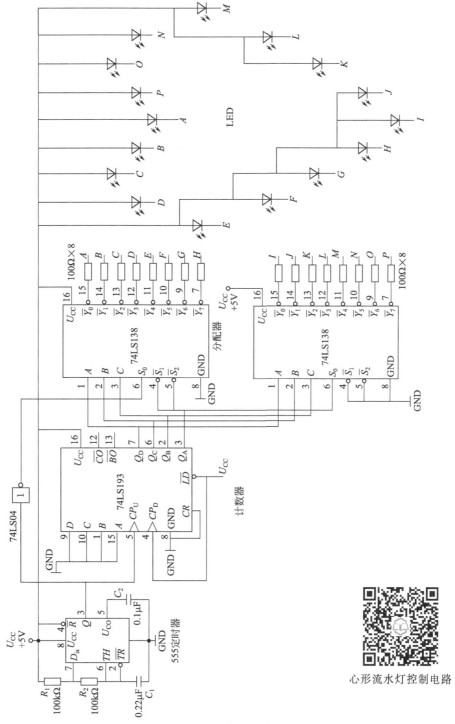

心形流水灯控制电路

图 5-4-5　仿真电路图

六、回答下列问题

① 使用 555 定时器设计一个振荡周期为 1s 的多谐振荡电路，输出脉冲占空比 $q=2/3$。

② 如果想要一个振荡周期为 1s、输出脉冲占空比 $q=1/2$ 的多谐振荡电路，应当如何设计？

③ 使 555 定时器输出低电平有几种方法？举例说明至少两种方法。

④ 计数器 74LS193 在正常工作的时候，其置数端 $\overline{LD}$ 和清零端 CR 应如何处理？

⑤ 数据分配器的功能是根据地址信号的要求，将一路数据分配到指定输出通道的电路。根据数据分配器的功能描述，以 3 线-8 线译码器 74LS138 为例，说明如何将译码器充当一个数据分配器。

实验五　汽车尾灯控制电路的设计

一、设计任务

设计一个汽车尾灯控制电路，用左右各三个（共六个）发光二极管模拟汽车尾灯。用开关选择控制汽车正常运行、右转弯、左转弯和刹车时尾灯的情况。

① 汽车正常运行时尾灯全部熄灭。

② 汽车左转弯时左边的三个发光二极管按左循环顺序点亮。

③ 汽车右转弯时左边的三个发光二极管按右循环顺序点亮。

④ 汽车刹车时所有的指示灯随时钟信号同时闪烁。

二、设计分析

汽车尾灯的工作状态有左转弯、右转弯、正常行驶、刹车四种，可以用两个开关 K_1 和 K_2 来设置。开关状态和尾灯显示的对应关系如表 5-5-1 所示。

表 5-5-1　汽车尾灯显示状态表

运行模式	开　　关 K_1　K_2	左边尾灯 $D_1 D_2 D_3$	右边尾灯 $D_4 D_5 D_6$
正常行驶	0　　0	灭	灭
左转弯	0　　1	循环亮	灭
右转弯	1　　0	灭	循环亮
刹车	1　　1	所有尾灯同时按一定频率闪烁	

汽车在左（右）转弯时，要求左（右）边三个尾灯依次点亮，因此可以设计一个三进制计数器控制译码电路，经驱动电路将尾灯依次点亮。

根据上述分析得到汽车尾灯控制电路系统框图，如图 5-5-1 所示。

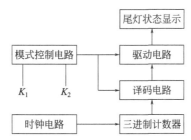

图 5-5-1 汽车尾灯控制电路系统框图

根据系统要求，得到汽车尾灯控制电路运行模式、开关状态和计数器状态对应关系，如表 5-5-2 所示。

表 5-5-2 汽车尾灯控制电路运行模式、开关状态和计数器状态对应关系表

运行模式	开　关 K_1　K_2		计数器状态 Q_1　Q_0		左边尾灯 $D_1 D_2 D_3$			右边尾灯 $D_4 D_5 D_6$		
正常行驶	0	0	$\times$	$\times$	0　0	0		0　0	0	
左转弯	0	1	0　0　0	0　1　0	1　0　0	0　1　0	0　0　1	0　0　0	0　0　0	0　0　0
右转弯	1	0	0　0　0	0　1　0	0　0　0	0　0　0	0　0　0	1　0　0	0　1　0	0　0　1
刹车	1	1	$\times$	$\times$	所有尾灯同时按一定频率闪烁					

三、设计所用仪器与元器件

① 数电实验箱。
② 555 定时器。
③ 触发器 74LS74 或 74LS112。
④ LED 彩灯若干。
⑤ 译码器 74HC138。
⑥ 电阻、电容、导线若干。
⑦ 74LS00 两片、74LS04、74LS08、74LS86、74LS20。

四、设计电路

1. 三进制计数器

由表 5-5-2 中计数器 $Q_1 Q_0$ 的状态关系可知，$Q_1 Q_0$ 由 00→01→10 循环，因此得到三进制计数器，可由双 D 触发器 74LS74 和辅助门电路构成。触发器驱动方程为：

$$\begin{cases} D_0 = \overline{Q}_1 \overline{Q}_0 \\ D_1 = \overline{Q}_1 Q_0 \end{cases} \tag{5-5-1}$$

三进制电路如图 5-5-2 所示。

2. 时钟电路

图 5-5-3 中 CLK 使用 555 定时器构成多谐振荡器电路。

3. 尾灯译码、驱动、显示电路

由表 5-5-2 可知：

汽车左转弯行驶时，可以利用 $K_1 = 0$，$K_2 = 1$ 以及计数器状态 Q_1Q_0 控制译码器 74HC138 输出经驱动电路将 D_1、D_2、D_3 按顺序点亮，实现左转弯行驶控制。

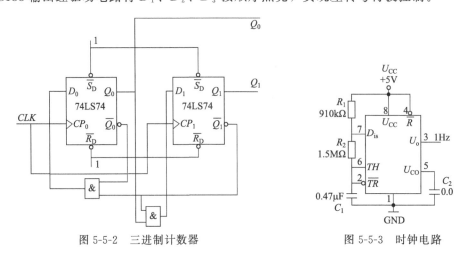

图 5-5-2　三进制计数器　　　　　　　　图 5-5-3　时钟电路

汽车左转弯行驶时，可以利用 $K_1 = 1$，$K_2 = 0$ 以及计数器状态 Q_1Q_0 控制译码器 74HC138 输出经驱动电路将 D_4、D_5、D_6 按顺序点亮，实现右转弯行驶控制。

正常行驶时，尾灯全部熄灭，与计数器状态 Q_1Q_0 控制状态无关，即 $K_1 = K_2 = 0$ 时可以考虑控制译码器此时被封锁。即此时 74HC138 未被使能。汽车运行状态可直接作用于显示驱动。

刹车时，尾灯按照一定频率闪烁，即 $K_1 = K_2 = 1$ 时，所有尾灯按照一定频率闪烁。

根据上述分析，需要设计有开关变量 K_1 和 K_2 产生 74LS138 的译码使能 G 和显示使能 EN。

需要设计由开关产生一个 74HC138 译码使能 G 和显示使能 EN 的电路。当汽车左转弯或者右转弯时 EN 有效，74HC138 译码使能 G 有效，尾灯状态取决于译码器输出；当汽车工作在正常模式时，EN 有效，74HC138 译码使能 G 无效，尾灯不显示；当汽车工作在刹车模式时，74HC138 译码使能 G 无效，尾灯状态取决于驱动使能信号 EN。工作模式与译码驱动使能信号间的关系如表 5-5-3 所示。

表 5-5-3　工作模式与译码驱动使能信号间的对应关系

运行模式	使能信号 G　EN	$D_1D_2D_3D_4D_5D_6$
正常行驶	0　1	000000
左转弯	1　1	$D_1D_2D_3$ 轮流点亮, $D_4D_5D_6$ 熄灭
右转弯	1　1	$D_1D_2D_3$ 熄灭, $D_4D_5D_6$ 轮流点亮
刹车	0　CLK	$D_1D_2D_3D_4D_5D_6$ 按照一定频率闪烁

由表 5-5-3 可知，尾灯电路由 74HC138 和与非门及指示灯构成，如图 5-5-4 所示。

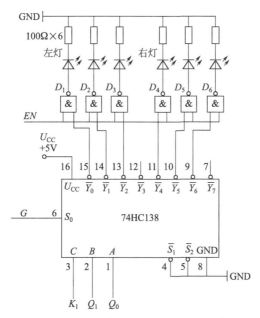

图 5-5-4 尾灯译码、驱动、显示电路

在图 5-5-4 所示电路中，译码使能信号 G 控制 74HC138 的使能端 S_0，K_1、Q_1、Q_0 作为译码器的译码输入端 CBA，EN 对译码输出信号进行控制。使能、控制信号与译码器工作对应关系表如表 5-5-4 所示。

表 5-5-4 使能、控制信号与译码器工作对应关系表

运行模式	使能信号 G EN	K_1 Q_1 Q_0	$\overline{Y_0}\overline{Y_1}\overline{Y_2}$ $\overline{Y_4}\overline{Y_5}\overline{Y_6}$	$D_1 D_2 D_3 D_4 D_5 D_6$
正常行驶	0 1		74LS138 被封锁	全部熄灭
左转弯	1 1	0 Q_1 Q_0	译码器工作， $\overline{Y_0}\overline{Y_1}\overline{Y_2}$ 译码输出	$D_1 D_2 D_3$ 轮流点亮，$D_4 D_5 D_6$ 熄灭
右转弯	1 1	1 Q_1 Q_0	译码器工作， $\overline{Y_4}\overline{Y_5}\overline{Y_6}$ 译码输出	$D_1 D_2 D_3$ 熄灭，$D_4 D_5 D_6$ 轮流点亮
刹车	0 CLK		138 被封锁	$D_1 D_2 D_3 D_4 D_5 D_6$ 按 CLK 闪烁

4. 模式控制电路

根据前述分析，开关模式与译码器使能信号 G 和 EN 的关系如表 5-5-5 所示。

表 5-5-5 开关模式与译码器使能信号间的关系

运行模式	开 关 K_1 K_2	使能信号 G EN
正常行驶	0 0	0 1
左转弯	0 1	1 1
右转弯	1 0	1 1
刹车	1 1	0 CLK

由表 5-5-5 可得模式控制使能信号：

$$\begin{cases} G = K_1 \oplus K_0 \\ EN = K_1{}' + K_0{}' + CP = (K_1 \cdot K_0 \cdot CP')' \end{cases} \tag{5-5-2}$$

电路图如图 5-5-5 所示。

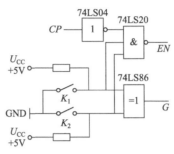

图 5-5-5　模式控制电路

五、仿真电路、原理图和实物工作视频

仿真电路如图 5-5-6 所示。AD 原理图、实物工作视频及仿真过程可扫描二维码查看。

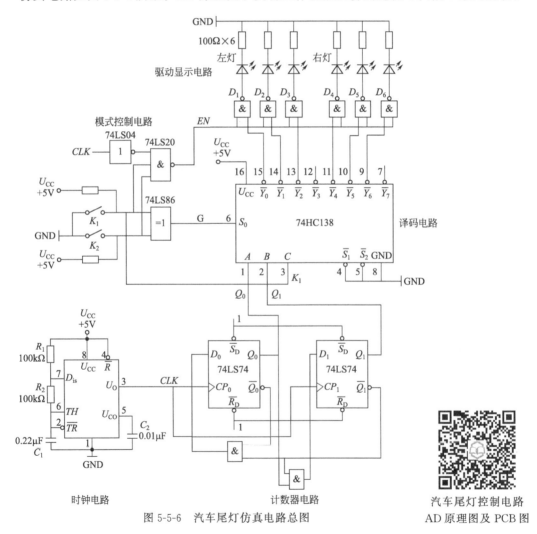

图 5-5-6　汽车尾灯仿真电路总图

汽车尾灯控制电路
AD 原理图及 PCB 图

实验六 | 四人竞赛抢答器电路的设计

一、设计任务

利用时序电路设计一个四人抢答电路，具体要求如下：

① 4 名选手的编号分别为 1、2、3、4。当主持人说开始时 4 名参赛者开始抢答，每个参赛者控制一个按钮，用按动按钮发出抢答信号。

② 主持人另有一个按钮，用于抢答开始和电路复位。

③ 竞赛开始后，先按动按钮者将面前对应的一个发光二极管点亮，同时在数码管上显示选手编号并一直保持到主持人复位，此后其他三人再按动按钮，对电路不起作用，复位后数码管显示 0。

二、设计分析

系统分析：

① 1、2、3、4 号参赛者分别对应按钮 $S_1 \sim S_4$，主持人另外有一个按钮 S_0 用来复位。发光二极管 $D_0 \sim D_3$ 是指示灯，用于指示哪一位选手抢答成功。

② 抢答电路使用触发器记录第 1 个抢答人的状态，用与非门控制触发器使第 1 个抢答者的状态保持，而其他人抢答无效。主持人可通过触发器清零从而使整个系统初始化。电路中的时钟信号可以由 555 多谐振荡器提供。

根据上述分析得到的设计框图如图 5-6-1 所示。

三、实验所用仪器与元器件

① 数电实验箱。

② 555 定时器。

③ 触发器 74LS74 或 74LS112。

④ 数码管、LED 彩灯若干。

⑤ 编码器 74LS148。

⑥ 加法器 74LS283。

⑦ 显示译码 74LS48 或 74LS248。

⑧ 电阻、电容、导线若干。

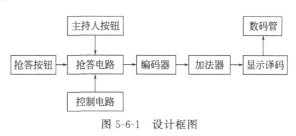

图 5-6-1 设计框图

四、设计电路

1. 抢答电路、控制电路的设计

根据任务要求分析，选手的抢答状态需要保持到下一次抢答开始，可以选用触发器实现状态的保持。$S_1 \sim S_4$ 四个按钮分别对应 1、2、3、4 号选手，接触发器的输入端；当一名选手按下按键抢答成功后，其他选手再按按钮状态保持不变，可以使用四名选手的抢答状态控

制触发器的时钟信号，当有一人抢答后时钟信号锁定，触发器保持原状态不变。

主持人按钮 S_0 用于抢答开始和复位，因此可以接四个触发器的清零端 $\overline{R}_D$，当主持人按下后 S_0 为低电平，四个触发器清零，完成抢答开始和复位的功能。

由上述分析可以得出抢答电路、控制电路，如图 5-6-2 所示。

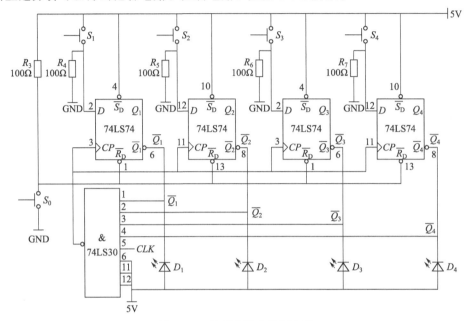

图 5-6-2　抢答电路和控制电路

在图 5-6-2 中，没有人抢答时，触发器保持 0 状态不变，$D_1 \sim D_4$ 熄灭，与非门的输出为时钟信号 CLK，触发器工作，等待选手抢答；当有选手按下按钮抢答时，其对应触发器置 1，对应的 LED 灯点亮，同时与非门输出锁定高电平 1，时钟信号 CLK 不起作用，四个触发器被锁定，其余选手即使按下按钮触发器也无法正常工作。当抢答结束后，主持人按下按钮 S_0，触发器清零，$D_1 \sim D_4$ 熄灭，与非门的输出为时钟信号 CLK，触发器工作，可以进行下一轮的抢答。

2. 数码管显示电路的设计

74LS283 是 4 位超前进位加法器，能够将两个 4 位二进制数 $A_3A_2A_1A_0$ 和 $B_3B_2B_1B_0$ 以及低位进位 CI 进行加法运算，输出 4 位二进制和 $S_3S_2S_1S_0$ 以及一位向高位的进位 CO。

74LS283 的逻辑符号、引脚图和实物图如图 5-6-3 所示。

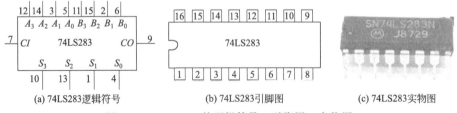

(a) 74LS283逻辑符号　　　　(b) 74LS283引脚图　　　　(c) 74LS283实物图

图 5-6-3　74LS283 的逻辑符号、引脚图、实物图

为了将锁存的信号显示在数码管上，需要将 4 个发光二极管所对应的高低电平的信号转换成二进制代码，然后通过显示译码驱动数码管显示。将 4 个高低电平信号转换成二进制代

码，可以使用 8 线-3 线编码器 74LS148 对 4 个触发器输出的信号 $\overline{Q_1}\,\overline{Q_2}\,\overline{Q_3}\,\overline{Q_4}$ 进行编码，如表 5-6-1 所示。将 $\overline{Q_1}\,\overline{Q_2}\,\overline{Q_3}\,\overline{Q_4}$ 接入编码器 $\overline{I_7}\,\overline{I_6}\,\overline{I_5}\,\overline{I_4}$ 进行编码输出，但是 74LS148 的编码是从 0000 开始的，与显示的数字相差 1，因此 74LS148 的输出需要用加法器和 0001 进行加法运算后才能通过显示译码驱动数码管显示，且 $D_1 D_2 D_3 D_4 = 0000$ 时，编码输出 $\overline{Y}_{\text{EX}}\overline{Y}_2\overline{Y}_1\overline{Y}_0 = 1111$，加 1 后加法器输出 $S_3 S_2 S_1 S_0 = 0000$。

表 5-6-1　数码管状态与数码显示对应关系

$D_1 D_2 D_3 D_4$	编码输入 $\overline{Q_1}\ \overline{Q_2}\ \overline{Q_3}\ \overline{Q_4}$	编码输入 $\overline{I_7}\ \overline{I_6}\ \overline{I_5}\ \overline{I_4}$	编码输出 $\overline{Y}_{\text{EX}}\overline{Y}_2\overline{Y}_1\overline{Y}_0$ 加法输入 $A_3 A_2 A_1 A_0$	加法输出 $S_3 S_2 S_1 S_0$	译码输入 $A_3 A_2 A_1 A_0$	数码显示
0000	1111	1111	1111	0000	0000	0
1000	0111	0111	0000	0001	0001	1
0100	1011	1011	0001	0010	0010	2
0010	1101	1101	0010	0011	0011	3
0001	1110	1110	0011	0100	0100	4

根据上述分析得到的数码管显示电路如图 5-6-4 所示。

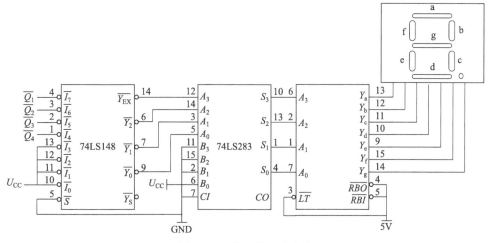

图 5-6-4　数码管显示电路

3. 时钟电路的设计

使用 555 定时器构成多谐振荡器电路，如图 5-6-5 所示。

五、仿真电路、原理图和实物工作视频

仿真电路如图 5-6-6 所示，原理图和实物工作视频及仿真过程可扫描二维码查看。

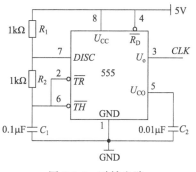

图 5-6-5　时钟电路

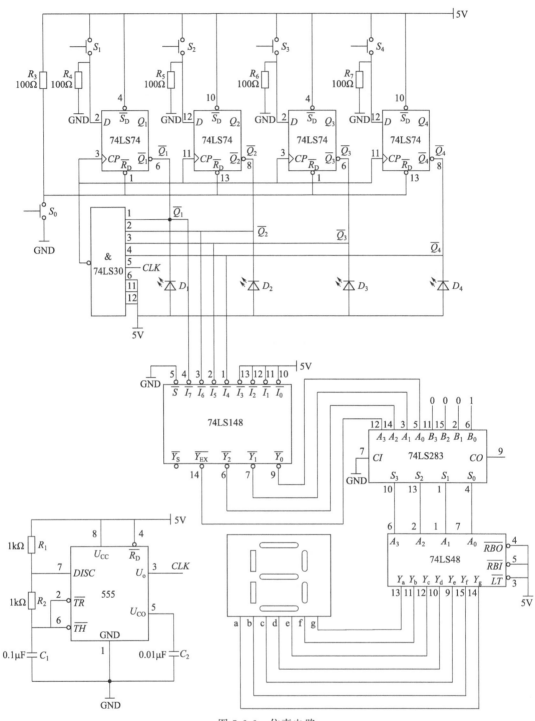

图 5-6-6　仿真电路

四人竞赛抢答触发器

实验七｜自动饮料售货机的设计

一、设计任务一

试用 JK 触发器设计一个可靠投币式（非手机扫码式）自动饮料售货机（图 5-7-1）的逻辑电路。

1. 任务分析

自动饮料售货机的功能要求：只接受 5 元和 10 元的纸币；每次只能投一张 5 元或一张 10 元的纸币；一杯鲜榨果汁的价格是 15 元；无论用户以怎样的顺序投入纸币，售货机都能可靠地工作，即根据所投入的金额给出果汁，并在必要的时候找出零钱（提示：要考虑现实中可能出现的任何投币情况的发生）。

任务分析：自动饮料售货机主要由钞票识别电路、自动饮料售货机核心电路和执行机械模块三个部分组成。钞票识别电路负责判断所投钞票面值大小，并送给自动饮料售货机核心电路，作为自动饮料售货机核心电路的输入信号，相应信号分别用 A 表示 10 元，B 表示 5 元。自动饮料售货机核心电路根据输入信号 A 和 B，输出 Y 信号和 Z 信号，其中输出 Y 决定是否给出货物，输出 Z 决定是否找零。执行机械模块根据 Y、Z 信号的高低电平触发

图 5-7-1 自动饮料售货机

相应的执行机构去执行相应的动作。其结构框图如图 5-7-2 所示。

图 5-7-2 自动饮料售货机结构框图

2. 核心电路设计总体框图

自动饮料售货机的核心电路要求能够记忆输入信号的状态，因此该电路属于数字电路中的时序逻辑电路。题目要求用 JK 触发器记录其输入状态，当输入发生改变时，存储器状态发生相应的改变，具体设计流程如图 5-7-3 所示。

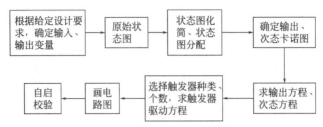

图 5-7-3　自动饮料售货机核心电路的设计流程

3. 设计过程

(1) 驱动输入、输出变量

根据给定设计要求，确定输入变量和输出变量。原因即为输入变量，结果即为输出变量，因此投入硬币为输入变量，给出饮料和找零为输出变量。

取投币信号为输入，给出饮料和找零为输出。

投入一张 10 元纸币用 $A = 1$ 表示，未投入时 $A = 0$；

投入一张 5 元纸币用 $B = 1$ 表示，未投入时 $B = 0$；

给出饮料时 $Y = 1$，不给时 $Y = 0$；

找回一枚五元纸币时 $Z = 1$，不找时 $Z = 0$。

00、01、10 为 AB 的可能取值，11 可作为约束项。

S_0 表示未投币前的状态。

S_1 表示投入 5 元纸币后的状态。

S_2 表示投入 10 元纸币（1 张 10 元或两张 5 元）后的状态。

再投入 5 元后返回 S_0，$Y=1$，$Z=0$。

再投入 10 元后返回 S_0，$Y=1$，$Z=1$。

(2) 画状态转换图

根据题意得到图 5-7-4 所示原始状态图。

状态编码：S_0——00；S_1——01；S_2——10；S_3——11，约束项。根据题意列出图 5-7-5 所示状态转换图。

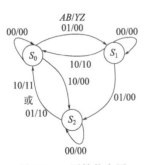

图 5-7-4　原始状态图

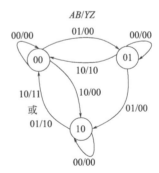

图 5-7-5　状态转换图

(3) 画输出和次态卡诺图

根据状态转换图得到图 5-7-6 所示输出和次态卡诺图。

$Q_1^n Q_0^n$				
AB	00	01	11	10
00	00/00	01/00	××/××	10/00
01	01/00	10/00	××/××	00/10
11	××/××	××/××	××/××	××/××
10	10/00	00/10	××/××	00/11

$$Q_1^{n+1} Q_0^{n+1}/YZ\text{卡诺图}$$

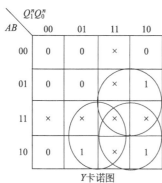

$$Q_1^{n+1}\text{卡诺图}$$

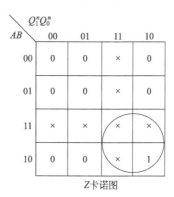

$$Q_0^{n+1}\text{卡诺图}$$

$Q_1^n Q_0^n$				
AB	00	01	11	10
00	0	0	×	×
01	0	0	×	1
11	×	×	×	×
10	0	1	×	1

$$Y\text{卡诺图}$$

$Q_1^n Q_0^n$				
AB	00	01	11	10
00	0	0	×	0
01	0	0	×	0
11	×	×	×	×
10	0	0	×	1

$$Z\text{卡诺图}$$

图 5-7-6 输出和次态卡诺图

(4) 列写输出方程、次态方程

$$\text{输出方程：}\begin{cases} Y = AQ_0^n + (A+B)Q_1^n \\ Z = AQ_1^n \end{cases} \qquad (5\text{-}7\text{-}1)$$

$$\text{次态方程：}\begin{cases} Q_1^{n+1} = (A\overline{Q_0^n} + BQ_0^n)\overline{Q_1^n} + \overline{(A+B)}\,Q_1^n \\ Q_0^{n+1} = B\overline{Q_1^n}\,\overline{Q_0^n} + \overline{A+B}\,Q_0^n \end{cases} \qquad (5\text{-}7\text{-}2)$$

(5) 选择触发器种类、个数，求出触发器的驱动方程

从次态方程中可以看到需要两个 JK 触发器，选择两个下降沿的边沿 JK 触发器，将触发器状态方程变成 JK 触发器次态方程形式 $Q^{n+1} = J\overline{Q^n} + \overline{K}Q^n$：

$$\text{驱动方程：}\begin{cases} J_1 = A\overline{Q_0^n} + BQ_0^n \\ K_1 = A + B \\ J_0 = B\overline{Q_1^n} \\ K_0 = A + B \end{cases} \tag{5-7-3}$$

（6）根据驱动方程、输出方程画电路图

根据驱动方程、输出方程画出图 5-7-7 所示电路图。

4. 仿真电路

仿真电路如图 5-7-7 所示。

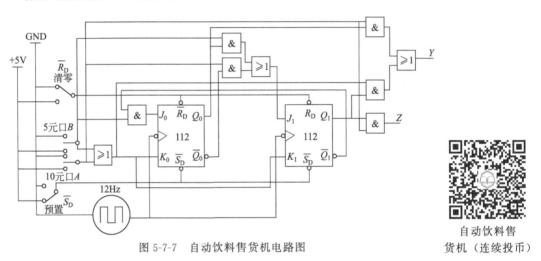

图 5-7-7　自动饮料售货机电路图

自动饮料售
货机（连续投币）

二、设计任务二

为了提高简易自动售货的便捷性和可靠性，设计开发一套简易自动售货机（如图 5-7-8 所示）控制系统，所设计系统能够实现投币、钱币显示、出货和找零状态功能。

图 5-7-8　自动售货机

1. 任务分析

自动售货机功能的实现主要依靠其内部控制系统，目前国内外对自动售货机的控制主要有 PLC 控制程序、CPLD 芯片控制、VHDL 语言控制等。通过单片机和 CPLD 及 VHDL 语言都可以实现自动售货功能，但所需的专业编程知识较多，对电子爱好者来说具有一定入门条件。现代自动售货机的内部控制系统大多采用 VHDL 描述语言，用有限状态机进行系统状态描述，通电复位后系统自动初始化，根据外界输入的信号转换成投币状态、销售状态、找零状态。

本任务要求利用所学数字电路知识，通过逻辑电路实现自动售货机的基本功能，利用 74 系列数字电路芯片，简化自动售货机的设计难度，完成基本控制电路的设计。为了减少显示数码管，自动售货机功能要求：只接受 0.5 元和 1 元的硬币；每次只能投一个 0.5 元或一个 1 元的硬币；一瓶纯净水的价格是 2 元。无论用户以怎样的顺序投入硬币，售货机都能可靠地工作，即根据所投入的金额给出纯净水，并在必要的时候找出零钱（提示：要考虑现实中可能出现的任何投币情况的发生）。

2. 设计总体框图

根据分析，本电路主要由 5 部分构成，总体框图如图 5-7-9 所示，总体电路框图如图 5-7-10 所示。

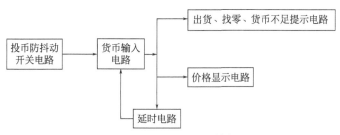

图 5-7-9 自动售货机总体框图

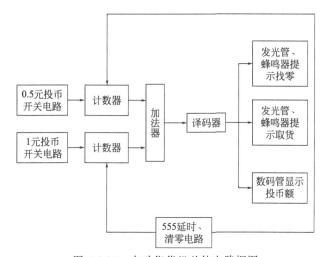

图 5-7-10 自动售货机总体电路框图

3. 设计电路

（1）投币防抖动开关电路

0.5 元投币开关电路利用两个或非门交叉耦合构成的基本 RS 触发器构成防抖动开关电路，如图 5-7-11 所示。该电路利用这种锁存器具有的记忆功能消除抖动信号，使得投币在运行过程中能够保持相对较为平稳的状态。

（2）货币输入电路

货币输入电路如图 5-7-12 所示，利用防抖动开关产生的高低电平，模拟 0.5 元及 1 元货币的输入 A 和 B，投币口的投币将 0 变化成 1 的上升沿信号输入计数器 CLK 端，上升沿脉冲使其计数。0.5 元及 1 元货币的输入经计数芯片处理后，统一传送到加法器芯片中，得出投入的金额总数，实现货币模拟输出电路。

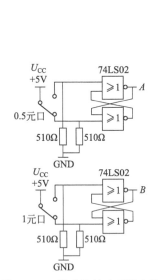

图 5-7-11　投币防抖动开关电路

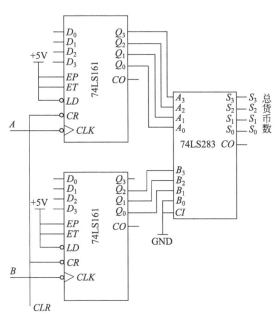

图 5-7-12　货币输入电路

（3）出货、找零、货币不足提示电路

出货、找零电路如图 5-7-13 所示，当投币金额达到 2.5 元时，利用加法器此时输出 0101 构造出货口电路实现蜂鸣器发声，同时发光二极管发光，提示购买者完成交易，请取货；另外在退币口构造电路实现蜂鸣器发出响声，同时发光二极管发光，提示购买者将找零取走。当投币金额达到 2.0 元时，利用加法器此时输出 0100 构造出货口电路实现蜂鸣器发出响声，并利用发光二极管发光，提示购买者完成交易，请取货；退币口此时不满足退币，退币口蜂鸣器不发声，发光二极管不发光。

（4）延时、清零电路

延时、清零电路如图 5-7-14 所示，完成交易后，利用 555 定时器构造单稳态触发器，在交易成功之后延时几秒实现计数清零，计数器重新计数，开启下一轮的自动售货流程。延迟时间由电容 C_1、C_2 和 R_P 决定，为了减少仿真时间，延时时间设置得比较短，实际电路调试时可增大 C_1、C_2 和 R_P 值，增加到合适的延时时间。

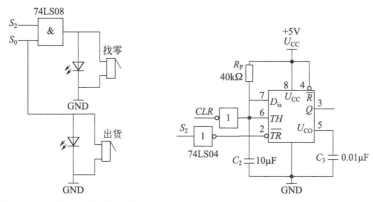

图 5-7-13　出货、找零电路　　　　　图 5-7-14　延时、清零电路

(5) 投币显示电路

投币显示电路如图 5-7-15 所示，利用译码器和数码管实现所售商品价格的显示，显示方便且容易实现。

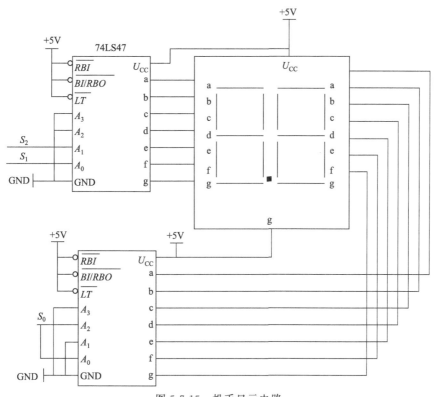

图 5-7-15　投币显示电路

4. 仿真电路、原理图和实物工作视频

自动售货机的仿真电路如图 5-7-16 所示。原理图、实物工作视频及仿真过程可扫描二维码查看。

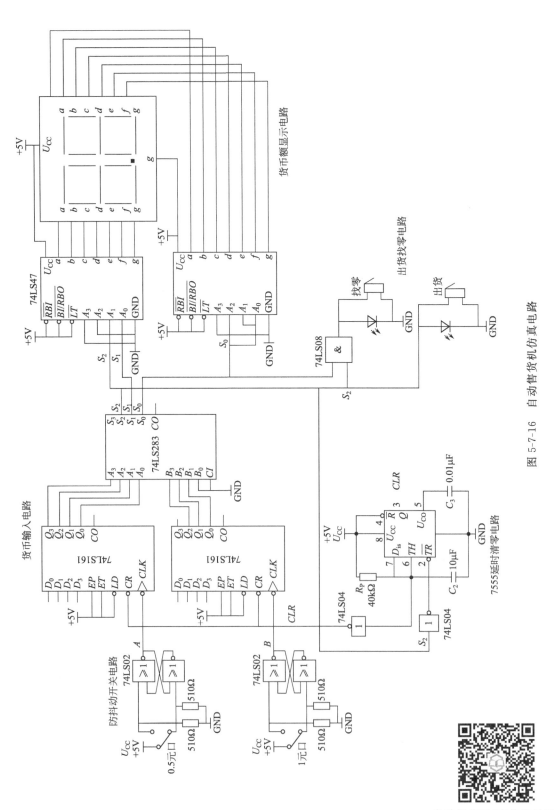

图 5-7-16 自动售货机仿真电路

自动售货机(有价格显示)

实验八 十字路口交通信号灯控制电路的设计

一、设计任务

设计一个简易十字路口交通信号灯控制电路（图5-8-1），完成东西方向和南北方向红黄绿三种颜色交通信号灯的依次显示，指挥车辆交替运行，提高路口的安全性。

具体实现功能要求如下：

① 南北方向和东西方向两条交叉道路上的车辆交替运行。若南北方向绿灯亮，东西方向红灯亮，若东西方向绿灯亮，南北方向红灯亮。

② 灯亮的同时具有红黄绿灯倒计时显示功能，提示人们该信号的剩余时间。

③ 红灯和绿灯持续亮，黄灯带有提醒警示作用，因此黄灯采用闪烁亮灭模式，更能提高路口的安全性。

④ 红绿灯电路工作状态表和显示时间满足表5-8-1。

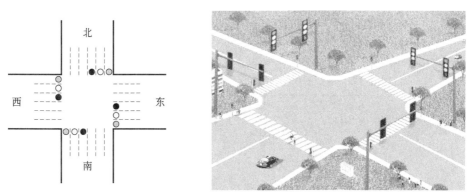

图 5-8-1 十字路口交通信号灯

表 5-8-1 交通信号灯主电路工作状态表

状态	交通信号灯电路输出指示灯显示
00	（南北）主干道绿灯30s,（东西）次干道红灯30s
01	（南北）主干道黄灯5s,（东西）次干道红灯5s
10	（南北）主干道红灯20s,（东西）次干道绿灯20s
11	（南北）主干道红灯5s,（东西）次干道黄灯5s

二、设计分析

十字路口交通信号灯控制电路示意图如图5-8-1所示，交通信号灯控制电路定义为四个状态的循环，每个状态下交通信号灯的显示情况见表5-8-1。根据分析电路由状态控制电路、数据选择电路、减法计数电路、数码管显示电路、交通灯显示电路组成，系统框图见图5-8-2。

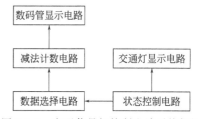

图 5-8-2 交通信号灯控制电路系统框图

状态控制电路由四进制计数器控制电路实现四个状态的循环；数据选择电路通知减法计数器计数容量；减法器电路驱动数码管显示倒计时计数；同时，利用状态控制构成交通信号灯显示电路控制交通灯的显示。

三、设计电路

1. 状态控制电路

利用 74LS163 做一个四进制状态控制电路，如图 5-8-3 所示，输出为 Q_1Q_0，控制交通信号灯在四种状态间循环。

2. 减法计数显示电路

利用两片可逆计数器 74LS192 级联构成两位减法计数器，驱动数码管显示倒数计时，如图 5-8-4 所示。要根据不同状态分别实现 30~0 的 31 进制计数器、20~0 的 21 进制计数器和 5~0 的 6 进制计数器。改变计数器的置数值可以改变计数制，74LS192 置数值与计数制关系见表 5-8-2。

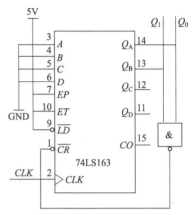

图 5-8-3　四进制计数状态控制电路

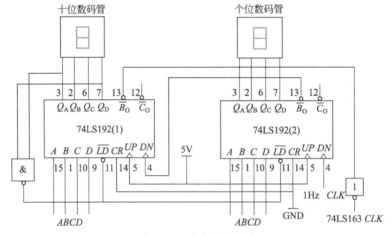

图 5-8-4　减法计数电路

表 5-8-2　74LS192 置数值与计数制关系表

74LS192(1) $DCBA$	74LS192(2) $DCBA$	计数制
0011	不置数	30~0 倒计数
0010	不置数	20~0 倒计数
不置数	0101	5~0 倒计数

3. 数据选择电路

根据 Q_1Q_0 状态，利用 2 线-4 线编码器 74LS139 选通 74LS245，分状态为 74LS192 配置三个不同的置数数据，使减法计数器能够依次实现三个不同进制的减法计数。表 5-8-3 为计数器工作状态、计数器置数值与 74LS245 对应工作关系表。根据分析得到表 5-8-4 所示状态与 74LS245 选通端控制关系表。

表 5-8-3　计数器置数值与 74LS245 工作关系表

计数器工作状态	置数值		74LS245 工作状态		
	74LS192(1) DCBA	74LS192(2) DCBA	74LS245(3)	74LS245(2)	74LS245(1)
南北主干道方向绿灯,东西次干道方向红灯 30s	0011	不置数	工作 输出 0011	不工作	不工作
南北主干道方向黄灯,东西次干道方向红灯亮 5s	不置数	0101	不工作	不工作	工作 输出 0101
南北主干道方向红灯,东西次干道方向绿灯亮 20s	0010	不置数	不工作	工作 输出 0010	不工作
南北主干道方向红灯,东西次干道方向黄灯亮 5s	1	0101	不工作	不工作	工作 输出 0101

表 5-8-4　状态和 74LS245 选通端控制关系表

Q_1	Q_0	$\overline{G_3}$	$\overline{G_2}$	$\overline{G_1}$
0	0	0	1	1
0	1	1	1	0
1	0	1	0	1
1	1	1	1	0

由表 5-8-4 得到：

$$\begin{cases} \overline{G_3} = Q_1 + Q_0 = \overline{\overline{Q_1}\,\overline{Q_0}} = \overline{m_0} \\ \overline{G_2} = \overline{Q_1} + Q_0 = \overline{Q_1\,\overline{Q_0}} = \overline{m_2} \\ \overline{G_1} = \overline{Q_0} = \overline{\overline{m_0}\,\overline{m_2}} \end{cases} \tag{5-8-1}$$

采用编码器 74LS139 实现选通控制信号，得到图 5-8-5 所示数据选择电路。

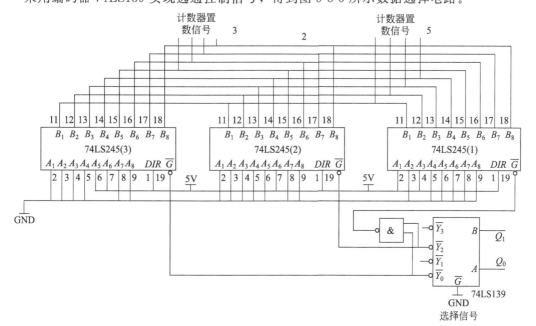

图 5-8-5　数据选择电路

4. 交通信号灯显示电路

列出交通信号灯工作状态与显示状态真值表，如表 5-8-5 所示。

表 5-8-5　交通信号灯工作状态与显示状态真值表

Q_1Q_0	绿黄红 GYR（主干道）	绿黄红 gyr（次干道）	黄灯闪烁使能信号 $\overline{E}$
00	100	001	1
01	010	001	0
10	001	100	1
11	001	010	0

根据表 5-8-5 得到式（5-8-2）所示信号灯输出表达式，得到图 5-8-6 所示交通信号灯显示电路。

$$\begin{cases} G = \overline{Q}_1\overline{Q}_0 = m_0 = \overline{\overline{m}_0} \\ Y = \overline{Q}_1 Q_0 = m_1 = \overline{\overline{m}_1} \cdot CLK \\ R = Q_1 = m_2 + m_3 = \overline{\overline{m}_2 \overline{m}_3} \\ g = Q_1 \overline{Q}_0 = m_2 = \overline{\overline{m}_2} \\ y = Q_1 Q_0 = m_3 = \overline{\overline{m}_3} \cdot CLK \\ r = \overline{Q}_1 = \overline{R} = \overline{m}_2 \overline{m}_3 \\ \overline{E} = m_2 + m_0 = \overline{\overline{m}_2 \overline{m}_0} \end{cases} \qquad (5\text{-}8\text{-}2)$$

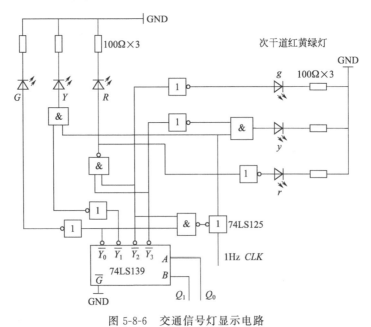

图 5-8-6　交通信号灯显示电路

四、仿真电路、原理图和实物工作视频

交通信号灯控制电路的仿真电路如图 5-8-7 所示。原理图、实物工作视频及仿真过程可扫描二维码查看。

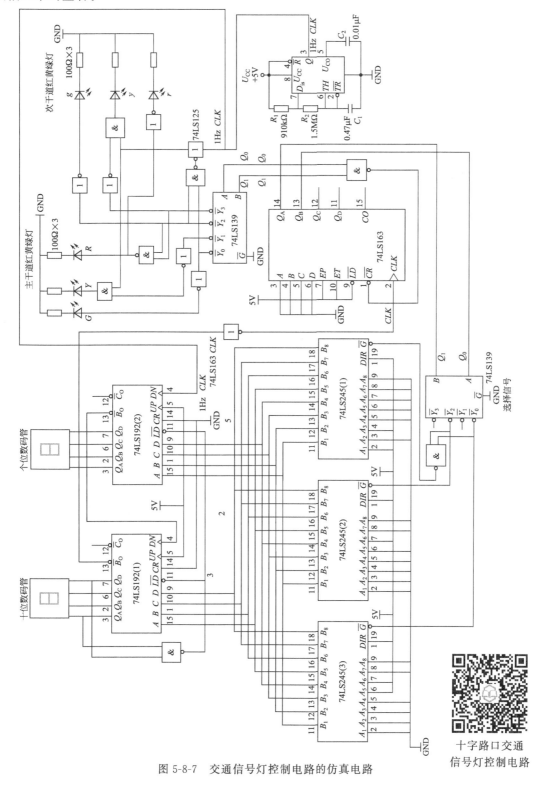

图 5-8-7 交通信号灯控制电路的仿真电路

十字路口交通
信号灯控制电路

实验九 数字电子表的设计

一、设计任务

用中、小规模集成电路设计一台能显示周、时、分、秒的数字电子表，如图 5-9-1 所示。

二、任务分析

数字电子表是一种用数字显示秒、分、时、周的计时装置。与传统的机械钟相比，它具有走时准确、显示直观、无机械传动装置等优点，因而得到了广泛的应用。

图 5-9-1　数字电子表

根据图 5-9-1 所示电子表分析，数字电子表由以下几部分组成：秒脉冲发生器，手动、自动校时电路，计数电路，译码显示电路。其组成框图见图 5-9-2 所示。

根据图 5-9-2 和所学数字电子技术知识，数字电子表的电路设计框图如图 5-9-3 所示。

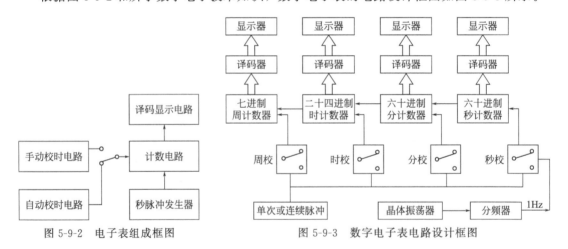

图 5-9-2　电子表组成框图　　　　图 5-9-3　数字电子表电路设计框图

三、设计方案

① 秒脉冲电路：利用晶振产生 1Hz 标准秒信号发生器。

② 计数电路：利用计数器实现秒、分为 00～59 的六十进制计数器；时为 00～23 的二十四进制计数器；周显示从周一至周日的七进制计数器。

③ 译码显示电路：利用译码器和数码管实现能显示周、时、分、秒的译码显示电路。

④ 校时电路：利用单脉冲或连续脉冲分别进行秒、分、时、周的校正。利用开关置于手动或者连续位置，可分别对秒、分、时、周进行手动脉冲输入调整或连续脉冲输入的校正。

四、实验器件

① 集成电路：CD4060、74LS74、74LS160、74LS248 及门电路。

② 晶振：32768Hz。

③ 电容：$100\mu F/16V$、22pF、$3\sim22pF$ 之间。

④ 电阻：200Ω、$10k\Omega$、$22M\Omega$。

⑤ 电位器：$2.2k\Omega$ 或 $4.7k\Omega$。

⑥ 数显：共阴显示器 LC5011-11。

⑦ 开关：单次按键。

五、设计实现

根据设计任务和要求，对照图 5-9-2、图 5-9-3 所示数字电子钟的框图，可以分以下几步进行模块化设计。

1. 秒脉冲发生器

秒脉冲发生器是数字电子表的核心部分，它的精度和稳定度决定了数字电子表的质量，通常用晶体振荡器发出的脉冲经过整形、分频获得 1Hz 的脉冲。如晶振 32768Hz，利用分频器 CD4060 经过 14 次二分频后，再经过 D 触发器二分频可获得 1Hz 的脉冲输出，电路图如图 5-9-4（a）所示；也可以利用 555 构成多谐振荡器实现，如图 5-9-4（b）所示。

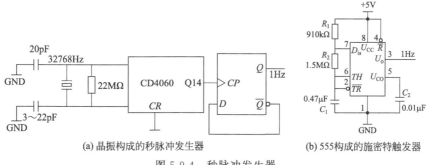

(a) 晶振构成的秒脉冲发生器　　　(b) 555构成的施密特触发器

图 5-9-4　秒脉冲发生器

2. 计数显示电路

（1）秒、分计数显示电路

秒、分即显示 $00\sim59$，它们的个位为十进制，十位为六进制。利用 74LS160 构成 $00\sim59$ 的六十进制计数器，接 248 译码器后接七段数码管进行显示。

如图 5-9-5 所示为六十进制秒、分计数显示电路。

（2）时计数显示电路

时为二十四进制计数器，显示为 $00\sim23$，个位仍为十进制，而十位为三进制，但当十进位计到 2，而个位计到 4 时清零，利用整体清零法构成二十四进制计数器。

图 5-9-6 所示为二十四进制时计数显示电路。

（3）周计数显示电路

周为七进制数，按人们一般的习惯，一周的显示为星期"1、2、3、4、5、6、7"，所以

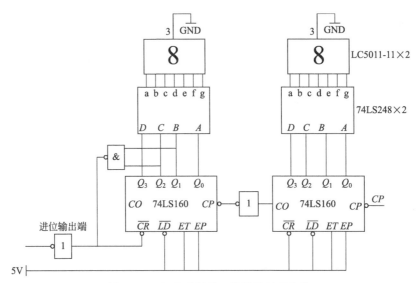

图 5-9-5 六十进制秒、分计数显示电路

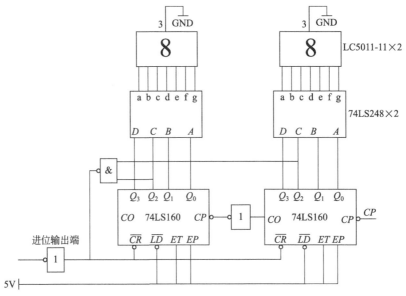

图 5-9-6 二十四进制时计数显示电路

设计七进制计数器，应根据译码显示器的状态表来进行，如表 5-9-1 所示。

按表 5-9-1 不难设计出周计数器的电路（周日用数字 7 代替）。

表 5-9-1 周显示与译码器输出状态表

Q_3	Q_2	Q_1	Q_0	显示	Q_3	Q_2	Q_1	Q_0	显示
0	0	0	1	1	0	1	0	1	5
0	0	1	0	2	0	1	1	0	6
0	0	1	1	3	0	1	1	1	7
0	1	0	0	4					

图 5-9-7 所示为七进制周计数显示电路。

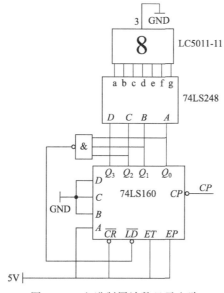

图 5-9-7　七进制周计数显示电路

3. 校正电路

在刚刚开机接通电源时，因为周、时、分、秒为任意值，所以需要进行调整。

置开关在手动位置，分别对时、分、秒、周进行单独计数，计数脉冲由单次脉冲或连续脉冲输入。

利用与非门构成 RS 触发器组成单次脉冲电路，如图 5-9-8（a）所示。利用 RC 和与非门构成 RS 触发器组成连续脉冲电路，如图 5-9-8（b）所示。

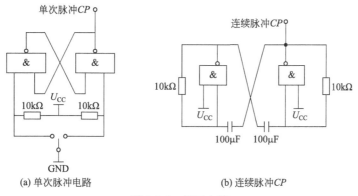

(a) 单次脉冲电路　　　　　　　(b) 连续脉冲CP

图 5-9-8　校正电路

利用图 5-9-8 所示校正电路接入分、秒、时、周脉冲输入，手动进行时间校正。

六、仿真电路、原理图和实物工作视频

仿真电路如图 5-9-9 所示。原理图、实物工作视频及仿真演示可扫描二维码查看。

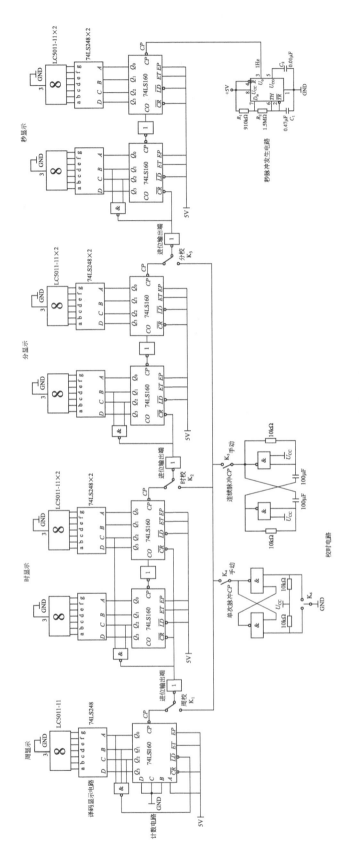

图 5-9-9　电子表仿真电路

数字电子表

1. 秒脉冲电路

由晶振 32768Hz 经 CD4060 14 分频器分频为 2Hz，再经一次分频，即得 1Hz 标准秒脉冲，供时钟计数器用。

2. 校时电路

单次脉冲主要是供手动校正时用。若开关 K_4 闭合，K_5 断开，将周校开关 K_1 或时校开关 K_2 或分校开关 K_3 搭在左侧，则可手动按 K_6 单次脉冲对周或时或分进行校正。如 K_4 再闭合、K_5 断开，K_1 在左侧，K_2 和 K_3 搭在右侧，则此时按动 K_6 键，使周计数器从周一到周日按需进行调整。

若开关 K_5 闭合，K_4 断开，将周校开关 K_1 或时校开关 K_2 或分校开关 K_3 搭在左侧，则可利用连续脉冲对周或时或分进行校正。

单次、连续脉冲均由门电路构成。

3. 秒、分、时、周计数显示器

这一部分电路均使用中规模集成电路 74LS160 实现秒、分、时的计数，其中秒、分为六十进制，时为二十四进制。译码显示很简单，采用共阴极 LED 数码管 LC5011-11 和译码器 74LS248，当然也可使用共阳数码管和译码器。

参 考 文 献

[1] 童诗白，华成英. 模拟电子技术基础. 5版. 北京：高等教育出版社，2015.

[2] 吕波，王敏，等. Multisim 14 电路设计与仿真. 北京：机械工业出版社，2017.

[3] 高吉祥，吴了，等. 模拟电子线路与电源设计. 北京：电子工业出版社，2019.

[4] 陈英，李春梅，等. 电子技术应用实验教程：基础篇. 成都：电子科技大学出版社，2015.

[5] 陈瑜. 电子技术应用实验教程：综合篇. 成都：电子科技大学出版社，2016.

[6] 崔红玲. 电子技术基础实验. 成都：电子科技大学出版社，2016.

[7] 李进，宋滨. 电子技术实验. 北京：化学工业出版社，2011.

[8] 陈先荣. 电子技术基础实验. 北京：国防工业出版社，2007.

[9] 许忠仁，穆克. 电路与电子技术实验教程. 大连：大连理工大学出版社，2007.

[10] 伍爱莲，等. 电路与电子技术实验教程. 北京：中国电力出版社，2006.